"十四五"国家重点出版物出版规划项目

青少年科学素养提升出版工程

中国青少年科学教育丛书

总主编 郭传杰 周德进

星空万象

刘逸清 王善钦 刘博洋 编著

浙江教育出版社·杭州

图书在版编目（CIP）数据

星空万象 / 刘逸清，王善钦，刘博洋编著. -- 杭州：浙江教育出版社，2022.10（2024.5重印）
（中国青少年科学教育丛书）
ISBN 978-7-5722-3209-1

Ⅰ．①星… Ⅱ．①刘… ②王… ③刘… Ⅲ．①天文学－青少年读物 Ⅳ．①P1-49

中国版本图书馆CIP数据核字(2022)第037176号

中国青少年科学教育丛书
星空万象
ZHONGGUO QINGSHAONIAN KEXUE JIAOYU CONGSHU
XINGKONG WANXIANG

刘逸清　王善钦　刘博洋　编著

策　　划	周　俊	责任校对	谢　瑶
责任编辑	高露露	责任印务	曹雨辰
美术编辑	韩　波	封面设计	刘亦璇

出版发行　浙江教育出版社（杭州市环城北路177号 电话：0571-88909724）
图文制作　杭州兴邦电子印务有限公司
印　　刷　杭州富春印务有限公司
开　　本　710mm×1000mm　　1/16
印　　张　19
字　　数　380 000
版　　次　2022年10月第1版
印　　次　2024年5月第3次印刷
标准书号　ISBN 978-7-5722-3209-1
定　　价　48.00元

总序

　　高度重视科学教育，已成为当今社会发展的一大时代特征。对于把建成世界科技强国确定为 21 世纪中叶伟大目标的我国来说，大力加强科学教育，更是必然选择。

　　科学教育本身即是时代的产物。早在 19 世纪中叶，自然科学较完整的学科体系刚刚建立，科学刚刚度过摇篮时期，英国著名博物学家、教育家赫胥黎就写过一本著作《科学与教育》。与其同时代的哲学家斯宾塞也论述过科学教育的重要价值，他认为科学学习过程能够促进孩子的个人认知水平发展，提升其记忆力、理解力和综合分析能力。

　　严格来说，科学教育如何定义，并无统一说法。我认为科学教育的本质并不等同于社会上常说的学科教育、科技教育、科普教育，不等同于科学与教育，也不是以培养科学家为目的的教育。究其内涵，科学教育一般包括四个递进的层面：科学的技能、知识、方法论及价值观。但是，这四个层面并非同等重要，方法论是科学教育的核心要素，科学的价值观是科学教育期望达到的最高层面，而知识和技能在科学教育中主要起到传播载体的功用，并非主要目的。科学教育的主要目的是提高未来公民的科学素养，而不仅仅是让他们成为某种技能人才或科学家。这类似于基础教育阶段的语文、体育课程，其目的是提升孩子的人文素养、体能素养，而不是期望学生未来都成为作家、专业运动员。对科学教育特质的认知和理解，在很大程度上决定着科学教育的方法和质量。

科学教育是国家未来科技竞争力的根基。当今时代，经历了五次科技革命之后，科学技术对人类的影响无处不在、空前深刻，科学的发展对教育的影响也越来越大。以色列历史学家赫拉利在《人类简史》里写道：在人类的历史上，我们从来没有经历过今天这样的窘境——我们不清楚如今应该教给孩子什么知识，能帮助他们在二三十年后应对那时候的生活和工作。我们唯一可以做的事情，就是教会他们如何学习，如何创造新的知识。

在科学教育方面，美国在 20 世纪 50 年代就开始了布局。世纪之交以来，为应对科技革命的重大挑战，西方国家纷纷出台国家长期规划，采取自上而下的政策措施直接干预科学教育，推动科学教育改革。德国、英国、西班牙等近 20 个西方国家，分别制定了促进本国科学教育发展的战略和计划，其中英国通过《1988 年教育改革法》，明确将科学、数学、英语并列为三大核心学科。

处在伟大复兴关键时期的中华民族，恰逢世界处于百年未有之大变局，全球化发展的大势正在遭受严重的干扰和破坏。我们必须用自己的原创，去实现从跟跑到并跑、领跑的历史性转变。要原创就得有敢于并善于原创的人才，当下我们在这方面与西方国家仍然有一段差距。有数据显示，我国高中生对所有科学科目的感兴趣程度都低于小学生和初中生，其中较小学生下降了 9.1%；在具体的科目上，尤以物理学科为甚，下降达 18.7%。2015 年，国际学生评估项目（PISA）测试数据显示，我国 15 岁学生期望从事理工科相关职业的比例为 16.8%，排全球第 68 位，科研意愿显著低于经济合作与发展组织（OECD）国家平均水平的 24.5%，更低于美国的 38.0%。若未来没有大批科技创新型人才，何谈到本世纪中叶建成世界科技强国！

从这个角度讲，加强青少年科学教育，就是对未来的最好投资。小学是科学兴趣、好奇心最浓厚的阶段，中学是高阶思维培养的黄金时期。中小学是学生个体创新素质养成的决定性阶段。要想 30 年后我国科技创新的大树枝繁叶茂，就必须扎扎实实地培育好当下的创新幼苗，做好基础教育阶段的科学教育工作。

发展科学教育，教育主管部门和学校应当负有责任，但不是全责。科学教育是有跨界特征的新事业，只靠教育家或科学家都做不好这件事。要把科学教育真正做起来并做好，必须依靠全社会的参与和体系化的布局，从战略规划、教育政策、资源配置、评价规范，到师资队伍、课程教材、基地建设等，形成完整的教育链，像打造共享经济那样，动员社会相关力量参与科学教育，跨界支援、协同合作。

正是秉持上述理念和态度，浙江教育出版社联手中国科学院科学传播局，组织国内科学家、科普作家以及重点中学的优秀教师团队，共同实施"青少年科学素养提升出版工程"。由科学家负责把握作品的科学性，中学教师负责把握作品同教学的相关性。作者团队在完成每部作品初稿后，均先在试点学校交由学生试读，再根据学生反馈，进一步修改、完善相关内容。

"青少年科学素养提升出版工程"以中小学生为读者对象，内容难度适中，拓展适度，满足学校课堂教学和学生课外阅读的双重需求，是介于中小学学科教材与科普读物之间的原创性科学教育读物。本出版工程基于大科学观编写，涵盖物理、化学、生物、地理、天文、数学、工程技术、科学史等领域，将科学方法、科学思想和科学精神融会于基础科学知识之中，旨在为青少年打开科学之窗，帮助青少年开阔知识视野，洞察科学内核，提升科学素养。

"青少年科学素养提升出版工程"由"中国青少年科学教育丛书"和"中国青少年科学探索丛书"构成。前者以小学生及初中生为主要读者群，兼及高中生，与教材的相关性比较高；后者以高中生为主要读者群，兼及初中生，内容强调探索性，更注重对学生科学探索精神的培养。

"青少年科学素养提升出版工程"的设计，可谓理念甚佳、用心良苦。但是，由于本出版工程具有一定的探索性质，且涉及跨界作者众多，因此实际质量与效果如何，还得由读者评判。衷心期待广大读者不吝指正，以期日臻完善。是为序。

2022 年 3 月

目录

● **第1章　星星、星座与星空**

"不动"的星星——恒星　　　　　　　　　003

星座　　　　　　　　　　　　　　　　　006

四季星空　　　　　　　　　　　　　　　009

天空中的漫游者：行星　　　　　　　　　017

黄道十二宫　　　　　　　　　　　　　　019

● **第2章　社会生活中的天文学**

萌芽时期的天文学　　　　　　　　　　　025

天文学与占星术　　　　　　　　　　　　027

历法　　　　　　　　　　　　　　　　　031

● **第3章　地月系统**

地心说与日心说　　　　　　　　　　　　039

地球的自转　　　　　　　　　　　　　　045

地球的公转　　　　　　　　　　　　　　049

月相　　　　　　　　　　　　　　　　　052

月食和日食　　　　　　　　　　　　　　054

第 4 章　太阳系

八大行星及其卫星系统　　　　　　　063

小行星　　　　　　　　　　　　　　075

流星和流星雨　　　　　　　　　　　079

彗星　　　　　　　　　　　　　　　081

柯伊伯带和奥尔特云　　　　　　　　084

第 5 章　太阳

太阳与古代社会　　　　　　　　　　089

感知太阳——颜色、距离、大小、温度　090

太阳为什么这样热　　　　　　　　　097

太阳结构　　　　　　　　　　　　　100

太阳大气　　　　　　　　　　　　　102

太阳的活动　　　　　　　　　　　　104

太阳的运动　　　　　　　　　　　　110

太阳与我们的生活　　　　　　　　　111

太阳观测前沿　　　　　　　　　　　113

● **第 6 章　恒星**

─　恒星的分布　　　　　　　　　　　　119

─　闪闪的恒星——变星　　　　　　　　123

─　恒星的诞生　　　　　　　　　　　　126

─　主序星——青壮年恒星　　　　　　　129

─　恒星的演化　　　　　　　　　　　　134

● **第 7 章　恒星的残骸**

─　白矮星　　　　　　　　　　　　　　141

─　中子星　　　　　　　　　　　　　　148

─　恒星级黑洞　　　　　　　　　　　　155

● **第 8 章　系外行星**

─　系外行星探测简史　　　　　　　　　163

─　如何探测系外行星　　　　　　　　　165

─　系外行星都长什么样　　　　　　　　170

─　系外行星的宜居带与外星生命　　　　175

─　未来的研究：TESS 与其他望远镜　　180

● **第 9 章　银河系**

─　人类对银河系的认知历史　　　　　　190

─　银河系的结构　　　　　　　　　　　195

┌ 银河系和其卫星星系的相互作用   206
└ 银河系的未来   208

⬤ **第 10 章　河外星系**

├ 河外星系研究简史   213

├ 近临星系风采   216

├ 星系的分类与特征：哈勃音叉图   222

├ 星系的"颜色"   226

├ 星系群、星系团、超星系团与星系长城   229

├ 星系的相互作用、物质交换与并合   232

├ 活动星系核   238

├ 星系的旋转曲线与暗物质   243

└ 星系、星系团与引力透镜   246

⬤ **第 11 章　宇宙学**

├ 早期宇宙学   255

├ 膨胀的宇宙   258

├ 广义相对论与现代宇宙学   265

├ 早期宇宙   274

├ 恒星与星系的形成   280

└ 宇宙的未来   287

第 1 章

星星、星座与星空

　　由于光污染的不断加重，在黑夜中闪耀的星光变得日益黯淡。现在的孩子越来越难看到夜空中的繁星，对星空的印象也没有长辈那么鲜明。在部分地区，空气中的雾霾也对观赏星空设置了不小的阻碍。但是，如果我们远离灯火辉煌的城市，前往人烟稀少的荒野地带，就可以在晴朗的夜晚看到满天星斗。

　　与现代人相比，古人观察星空反而容易。人类对星象的记录始于数千年前。从那时起，人们区分恒星与行星并划分星座。在他们的记录中，不同季节的星空是不一样的，不同区域的星星的运动也有所差别。这就是天文学的起源。

　　本章简要讨论一些星象和观星的方法。

"不动"的星星——恒星

谁是第一个抬头仰望星空的人，我们无从知晓。数千年前，不同文明的先人们就开始欣赏头顶的群星。他们发现大多数星星彼此之间的位置不变，相邻的星星会在东方一同升起，又在西方一并落下。古人认为这些星星的相对位置不会变化，因此称它们为恒星。所谓"恒"，就是不变的意思。

在全天范围，肉眼可以看见的恒星大概有 6000 多颗，比较著名的有牛郎星、织女星、天狼星、北极星，等等。这些著名的恒

链接

牛郎星与织女星

神话传说中，牛郎星与织女星代表牛郎织女一对恩爱夫妻。关于他们的传说有很多版本。但不论哪个版本，故事大同小异。他们被强行拆散，一道天河横跨两人之间，两人只能在每年农历七月七日在鹊桥相见一次。这也是我们"中国情人节"——"七夕"背后的故事。然而，这毕竟是传说，科学上我们应该认识到牛郎星织女星是两颗恒星，位置几乎不变，并没有彼此靠近或远离，更不可能每年相遇。两颗星之间的实际距离有 16.4 光年，就算通个电话也得等 16.4 年才能接通！要是真能见面，两人都坐上宇宙飞船相向运动，这趟行程就要花费二十多万年。

星都比较亮。因为在漫天星斗中，比较亮的更容易引起人们的注意。但星星的名气并不完全由它们的亮度决定，也受其他因素影响。比如，牛郎星与织女星因为神话故事而吸引了更多人的注意，北极星可以用来指示方向。它们都不是夜空中最亮的星，尤其北极星的亮度大概只能排在恒星中的四十多位。

早在古希腊时期，天文学家就引入了"星等"的概念，用来衡量星星的亮与暗。按照亮度不同，天上的星星被划分为 6 个等级，最暗的是 6 等星，最亮的是 1 等星。这个区分方法有明显的局限性：它无法精确描述星星亮度的差异，而且最亮的那批星星彼此间的亮度差异也比较大。

到了近代，人们进一步定量描述了星等的定义：星等每减小 1，恒星亮度增加 2.5 倍。人们同时引入了 0 等星甚至"负数"星等，0 等星的亮度是 1 等星的 2.5 倍，−1 等星的亮度是 0 等星的 2.5 倍，以此类推。总之，星等越小，星星越亮。

链接

一些常用星等

天　体	星　等
太阳	−26.7
月亮（满月时）	−12
金星（最亮的行星）	−4
天狼星（最亮的恒星）	−1.5
织女星	0
人类裸眼视力极限	6.5
哈勃太空望远镜观测极限	30

不同的星星不但亮度不一样，颜色可能也不一样。星星可能是白色、红色或者黄色的。但是对人类而言，大部分星星看上去好像都是白色的。这是因为人眼只能辨认足够亮的物体的颜色，而大部分星星太暗了。比如说，织女星肉眼看上去好像是白色的，但如果使用一架小型天文望远镜来观察，织女星如同蓝宝石一样呈现出浅蓝色。

地球的运动会导致我们看到整个天空中的天体在"运动"。这样的运动不是真实运动，而是"视运动"（图 1-1）。视运动大致可以分为两种：一种以天为单位，大部分恒星的东升西落就属于这种情况，这是地球自身的旋转导致的。但北极星附近的天空是个特例，在这里恒星并不会沉没到地平线以下，而是绕北极星转圈。北极星在短期内几乎是不动的。另一种以年为单位，表现为四季星空的变化，这是地球绕着太阳公转导致的。假如有人在不同季节里，在同一地点、同一时间——例如午夜 12 点——看星

图 1-1　恒星的周日视运动轨迹

星，他看到的星座是不一样的。

在观察星象的过程中，有时候我们需要进行一些简单的测量，比如估算星星之间的距离。这个距离并不是实际距离，而是从地球看上去恒星之间的位置差，以角度为单位。一个简单的估算方法是使用手指：伸直手臂，则小拇指顶端的宽度大约为 1 度。

即使不考虑地球自转引起的恒星视运动，恒星自身的位置也在不断变化。但这种变化非常缓慢，以至于同一人在其一生中无法用肉眼察觉出来。与牛顿同时代的著名天文学家哈雷，比较了他看到的恒星的位置与古希腊天文学家画出的星星的位置，发现两个星图里的星星的位置不一样。这意味着这些星星在一千多年的时间里变化了，恒星自身也在移动。这就是恒星的"自行"。

在一个满月的夜晚，观察刚升起的月亮和在半空中的月亮。它们谁更大一些？用小拇指测量试试看。

星　座

在很多古代文明中，人们在相邻的数颗星星之间连线，组成想象中的图案。这些图案就是我们现在所说星座(图 1-2)的前身。

古希腊人喜欢把这些图案和他们的神话传说联系起来，比如他们认为天上有位猎人牵着两条狗（猎户座、大犬座和小犬座）。在公元 2 世纪前后，古希腊学者托勒密在他的《天文学大成》中记录了 48 个星座的 1022 颗恒星，这就是现代星座的原型。1928 年，国际天文学会正式将整个天空划分为 88 个星座，其中将近一半源于古希腊人的星座划分。

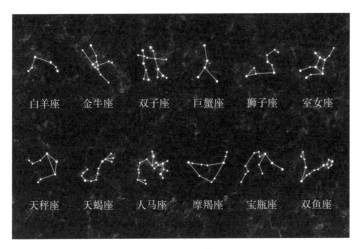

图 1-2　星座

　　古代中国人对星座的划分和西方世界有所不同，他们更倾向于将星空与社会中实际存在的东西相对应，比如认为天上有个勺子（北斗七星）（图 1-3）。整个星空可以大致分为"三垣""四象"和"二十八宿"。其中三垣指环绕北极天空的三个区域，分别是紫微垣、太微垣和天市垣，分别对应帝王、将相以及平民百姓。环绕赤道一周的区域被分为四象，也就是代表东、西、南、北四方

图1-3 大熊座示意图，其中尾巴和背部的七颗亮星组成北斗七星

的青龙、白虎、朱雀、玄武。每象又细分为七个区域，称为"宿"，四象共包含二十八宿。

从图像来看，一个星座似乎是许多恒星的连线组合图案，但其实不止于此。现代天文学意义上的星座指的是有明确边界的一整片天空。换言之，后来新发现的恒星一定属于某个已经存在的星座。

我们能够看到的星星的数目直接取决于我们使用的工具：用肉眼，我们可以看到大约6000颗星星；凭借望远镜，我们能看到的星星远超过6000颗。此外，我们能看到的星星的数目还与我们采取的观星方法有关。科学的观星方法分为5个步骤：

步骤1：选择一个光污染和空气污染较少的地点来观星，例如远郊或农村地区。大城市的璀璨灯火导致观星几乎不可能，而空气污染严重的夜晚也多半看不到星星。

步骤2：挑一个晴天的夜晚，在室外观星。即使是在寒冷的冬季，室内观星都不是好选择。透过玻璃窗看到的星星是扭曲的，颜色也与室外直接观测不同；而打开窗户看星星，则会因为空气流动导致严重的闪烁现象。

步骤3：花大概30分钟的时间让眼睛适应黑暗环境。在黑暗条件下瞳孔会放大，眼睛的灵敏度也会增加。

步骤 4：使用眼睛、普通双筒望远镜、天文望远镜等进行观星。这里有个观星的小技巧：如果想要观察一颗比较暗弱的星星，那么不要将视线对准它，而应该稍稍偏转一些。侧视可以帮助我们看到更暗的目标，这是由眼睛的结构决定的。

步骤 5：辨认星座和恒星等。传统的方法是使用星图，而现在有一种更简单的方法，使用带有定位功能的手机，同时使用星座识别手机应用。注意这些应用需要调到夜间模式（红光），否则会破坏眼睛对黑暗的适应。

知道了如何观星之后，下面我们来看看四季星空。

四季星空

生活在不同纬度地区的人们，看到的星空是不同的。北半球大部分地区的人们看不到南十字星座，而在南半球则看不到北极星。本节介绍的四季星空，以北半球中纬度地区（如北京）为准。正如上面所说，即使是在地面上的同一个地方，四季的星空也是不一样的。

春季可能是对观星者最友好的季节，因为我们熟悉的北斗七星几乎一直高挂在夜空中。北斗七星不是独立的星座，而是大熊座最亮的部分。这七颗星连成一柄勺子的形状，斗勺顶端的两颗星指向北极星。北极星并不明亮，但如果一个人常常观察星空，很快就会熟悉它：因为北极星在整个夜晚几乎不动，而大多数恒星要么东升西落，要么绕北极星转圈。这个特性导致北极星很早就被用来指示方向。

从北斗七星出发，沿着斗柄的弧线越过和北斗七星差不多的距离，可以看到大角星（图1-4）。大角星是一颗橙色的0等星，也是牧夫座中最亮的恒星。如果再往前延长一个北斗七星的距离，就可以碰到角宿一，这是一颗1等星，位于室女座中。北斗七星斗勺中最靠近斗柄的两颗星连成线，向南延长可以指向轩辕十四。这是狮子座中的一颗蓝色的1等星，狮子座是春季天空中最耀眼的星座。大角星、角宿一和轩辕十四是春季天空中最亮的

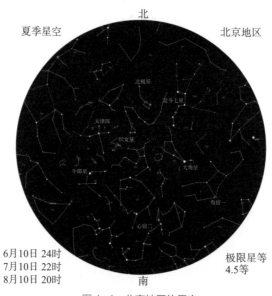

图1-4　北京地区的星空

三颗星。

夏季是星空最热闹的季节。在夏天的夜晚，天空中最引人注目的并不是某颗恒星，而是一条浅白色的光带，被称作银河（图1-5）。银河是由很多恒星与大量气体组成的。因为肉眼无法分辨聚集在一起的单颗恒星，银河显得比较模糊；但是，如果我们使用双筒望远镜扫视银河，看到的会是星星的海洋。银河中还有裂缝和星云等奇妙景观。

图1-5 银河

银河旁边有颗明亮的浅蓝色恒星，常常出现在天空的顶点附近，这就是著名的织女星。织女星是全天第五亮的恒星。它和天津四以及牛郎星共同组成了"夏季大三角"（图1-6）——这三颗星分别是三个不同星座中最亮的恒星，同时还比周围的恒星亮得多。织女星所在的天琴座是一个很小的星座，牛郎星所在的天鹰座是一个很模糊的鸟形。天津四所在的天鹅座则是一个相当突出的星座，其主要恒星构成了一个十字，而天津四在它的顶端。

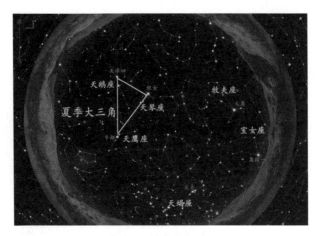

图 1-6　夏季大三角

　　夏季的南方天空中有一颗橙色的恒星。这颗恒星的中文名为心宿二，还有一个别称为"大火"，由颜色而得名。夏秋之间，心宿二逐渐向西移动，这一现象被古人称为"七月流火"，被认为是天气转凉的象征，而不是很多人认为的天气变热。按照西方的星座划分，心宿二在天蝎座中（图1-7），代表着蝎子的心脏。

　　除了恒星和银河之外，在天蝎座的尾部还有一种别致的景观：由几十颗恒星构成的漂亮星团，被称为托勒密星团。用肉眼看去它像一

图 1-7　天蝎座，图中橙色恒星为心宿二（图片来源：欧洲南方天文台）

团云雾，但在双筒望远镜中我们看到的是一群独立的恒星，如同夜空中的一群萤火虫。

与其他季节相比，秋季明亮的恒星和星座都较少，北斗七星也下降到地平线边缘。但与北斗七星隔着北极星遥遥相对的仙后座（图1-8）此时升到天顶。仙后座是个明显的"W"形，很容易辨认。此外，在11月的夜晚，条件好的情况下我们还能在天顶附近看到一片模糊的椭圆形光斑，这是仙女座星系——人类肉眼能看到的最遥远的天体系统。仙女座星系包含大约5000亿颗恒星。

图1-8 仙后座

冬季的天空没有夏季那么热闹，却包含了比其他季节更多的亮星，显得尤为壮丽。高悬于南方天空的猎户座（图1-9），差不多是全天最明亮的星座。猎户座被看成是一个猎人在天上的化身，它最明显的特征是猎人的腰带，也就是猎户座中间一字排开的三

图 1-9　冬季夜空中的猎户座

颗星。腰带下方垂着的一串小星被看成是猎人的匕首。

　　猎户座的"猎人"的"左肩"上的那颗颜色偏红的星是参宿四，它是已知的最大恒星之一，直径约为太阳的 800 倍。猎户座右下角那颗蓝白色的星是这个星座中最亮的参宿七。参宿七是已知的最亮的恒星之一，它的真实亮度是太阳的 50000 倍左右，但距离地球非常遥远，因此看起来就是一个小亮点。

　　在猎户座的"腰带"下方的"匕首"上，看上去有一块模糊的小光斑。使用双筒望远镜观测这块光斑，可以看到一个茶杯形的星云，它就是猎户星云，如图 1-10，图中左上角为"茶杯"的底部。

　　在猎户座西侧，沿着腰带前进 20 度可以看到橙色的 1 等星毕宿五，它是金牛座中的"牛"的一只"眼睛"。再往前 15 度就能看

链接

猎户座与古诗词

猎户座与我国传统星宿中的参宿部分重合，而夏季夜空中的天蝎座与商宿部分重合。猎户座与天蝎座在天球上相反的方向，不在同一个季节出现，所以参宿与商宿也不会同时出现在夜空中。这就是杜甫诗中"人生不相见，动如参与商"的由来。在猎户座东边，有着全天最明亮的恒星——蓝白色的天狼星。天狼星在古代中国人看来代表着侵略杀戮，不吉利。苏轼就有"西北望，射天狼"之语。

到天空中最亮的星团——昴星团（图 1-11），昴星团同样位于金牛座中。昴星团又称为"七姊妹星团"，因为一般情况下人们用肉眼可以看到其中七颗亮星，在观测条件好的时候能够看见 9 颗亮星。

图 1-10　茶杯状的猎户星云（图片来源：哈勃空间望远镜）

图 1-11　昴星团，合成颜色照片（图片来源：NASA/ESA）

除了猎户座和金牛座，冬季还值得注意的星座是双子座。它拥有两颗亮星——北河二和北河三，从这两颗星向猎户座方向延伸出的两组恒星形成了两个孩子的形状。此外，用双子座命名的双子座流星雨通常是全年最大的流星雨。

表1-2列出了全天最亮的10颗恒星及相关信息，其中参宿四的亮度会随时间变化。

表1-2　全天最亮的10颗恒星

恒　星	视星等	所在星座	主要观测季节	大致可观测范围
天狼星	−1.5	大犬座	冬季	中国全境
老人星	−0.72	船底座	冬季	广州以南地区
南门二	−0.27	半人马座	春季	广州以南地区
大角星	−0.04	牧夫座	春季	中国全境
织女星	+0.03	天琴座	夏季	中国全境
五车二	+0.08	御夫座	冬季	中国全境
参宿七	+0.18	猎户座	冬季	中国全境
南河二	+0.34	小犬座	冬季	中国全境
水委一	+0.45	波江座	秋季	广州以南地区
参宿四	+0.3到+1.2	猎户座	冬季	中国全境

天空中的漫游者：行星

尽管大多数星星都位于某个星座中，但早期文明的人们已经发现有些明亮的星星会在各个星座之间"游荡"。它们有时自西向东穿过某个星座（顺行），有时反过来自东向西运动（逆行），有时候停留在某个星座中（留）。这样的星星被称为行星（本章仅讨论太阳系内的行星，太阳系外的行星见后面章节）。如果不使用望远镜，我们能直接看到的行星共有 5 颗，古代中国人按照五行将它们命名为水星、金星、火星、木星和土星。

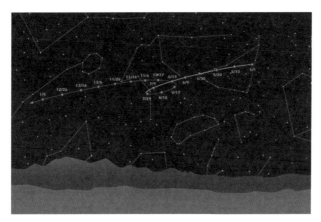

图 1-12　火星在恒星背景中的运动轨迹，中间部分为逆行（图片来源：NASA/JPL）

如何判断一颗星星是不是行星呢？最可靠的方法是查看这颗星星在天空背景中的运动。不过，由于行星运动缓慢，这会耗费数天甚至数月的时间。以下介绍两个简单的方法：

（1）行星比大多数恒星要亮。5颗肉眼可见的行星的亮度基本都超过1等星，其中金星和木星的亮度超过所有恒星（不考虑太阳）。

（2）恒星常有闪烁现象，但行星看上去不闪烁。

行星的这两种性质都与其物理本质有关。行星自身不发光，靠反射太阳光发亮。但由于行星到地球的距离远比恒星到地球的距离要小，所以行星看上去会比较亮一些。

星星闪烁的本质是：地球大气使入射进来的星光弯折；而地球大气自身的流动，导致弯折的方向不断变化，使得我们看到的星星的位置不时变化。恒星距离我们太远，看上去就是一个光点，大气的折射效应与大气自身的流动，会显著改变我们看到的恒星的位置，使得闪烁效应很明显。

为什么行星不闪烁？我们可以先从太阳和月亮的发光情况说起。太阳和月亮发出的光同样受到了空气的影响，但因为它俩看上去太大，是圆盘而不是光点，空气对它们位置的影响相对于它们自身大小可以忽略不计，所以它们不闪烁。行星的情况也类似：它们比恒星近得多，因此看上去比恒星要大一些，空气影响的效果也不明显，所以行星也不闪烁。

假设观测者用肉眼看到了某颗明亮而不闪烁的星星，那么它会是前文提到的5颗行星中的哪一颗呢？这也可以通过一些简单的方法去判断。

（1）水星：这差不多可以立即排除。水星是一颗黄色的0等星，它的位置非常靠近太阳。一年中，水星能被观测到的时间只有几周，而且它还经常处在日出或日落的霞光中。人们很难注意到水星，除非刻意去寻找它。

（2）金星：如果你在日出前的东方天空或者日落后的西方天空看到一颗非常明亮的星星，那很有可能是它。金星的亮度超过除太阳外所有恒星和其他行星，呈耀眼的白色。但金星的位置也靠近太阳，所以它也只能出现在清晨或者傍晚。

（3）火星：它是红色的。火星的亮度变化很明显，因为它到地球的最远距离是最近距离的 4 倍左右。

（4）木星：它的亮度仅次于金星，但它的位置不局限于太阳两侧。观测者如果在深夜看到一颗白色的明亮行星，那应该是木星。

（5）土星：它不像金星和木星那么明亮，因而很容易被当成恒星。它的颜色是白色中带一点浅黄。如果观测者使用一架望远镜，那么土星就很好辨认了：它有一圈标志性的环。

黄道十二宫

虽然行星可以相对于恒星运动，但它们的运动范围是有限的，这个范围位于天球上的一条环带中，这条环带被称为黄道带。黄道带是向东、西延伸的，所以行星不可能运动到北极星附近。

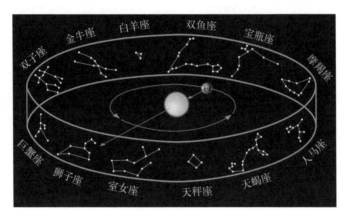

图 1-13　黄道带。从地球上观察，太阳在黄道带中穿行

除了行星之外，太阳和月亮也在黄道带中运行。这是因为太阳、月亮、地球和其他行星都在同一个巨大而扁平圆盘区域内运动。人类位于地球上，从我们的角度看行星，它们都在天空中与这个圆盘对应的环带——黄道带——上。

黄道带穿过多个星座，也就是著名的"黄道十二宫"（图 1-14）。黄道十二宫的划分可能起源于古巴比伦文明。那时的人们观察木星的运动，注意到木星沿黄道运行一周需要 12 年，将黄道划分为 12 个星座，就可以让木星每年停留在一个星座中。木星（图 1-15）是整夜可见的最明亮的星星（金星只在日出和日落前后可见），因而备受关注。

2000 年前，占星术中的黄道十二宫和天文学中的黄道星座大致重合。但随着时间的推移，地球的自转轴指向发生了变化，黄道星座也经历了多次重新划分，因此黄道星座与季节的对应关系也和过去有所偏差了。

图 1-14　以色列某所犹太教堂内的
黄道十二宫图案，绘制于公元 6 世纪
左右

图 1-15　木星与金星在天空中的高度示
意：金星位置较低且靠近太阳（图中星星
亮度为了方便识别经过特殊处理）

第2章

社会生活中的天文学

如果在街头随机采访路人，问他们对"星座"有何看法，大部分人的反应会是什么？"运势？""不靠谱的算命的玩意儿？"…… 这种现象的产生是有历史原因的。从人类文明诞生开始，迷信使得天文学与占星术交织在一起。在古代，人们相信星象预示着个人的命运，甚至国家的前途。直到现代，依然有不少人相信星座可以影响性格。

除了占星术之外，科学意义上的天文学同样对社会生活产生了重大的影响。例如，人类使用的各种历法中的年、月、日都是根据天体的运动来定义的。此外，天文学知识还广泛用于辨认方向，为在大海中航行的船舶导航，等等。

本章主要介绍从古到今社会生活中的天文学知识。包括天文学的诞生历史，天文学与占星术以及各种文明的历法。

萌芽时期的天文学

　　古人和现代人，谁更擅长辨认星星？这是个有趣的问题。天文学发展了这么多年，难道现代人对天空的了解还不如古人吗？

　　如果只是比较职业天文学家对天体运动规律的了解，那古代天文学家确实不如现代天文学家。但是，如果从路旁随便拉来一个行人，指着天上的某颗星星问这是什么星，那么现代人的表现还真不如古人。明末清初思想家顾炎武在《日知录》中说过："三代以上，人人皆知天文。'七月流火'，农夫之辞也；'三星在天'，妇人之语也；'月离于毕'，戍卒之作也；'龙尾伏辰'，儿童之谣也。"这里提到的就是歌谣中出现的对天文现象的描述，"三代"指的是尧、舜、禹时代。

　　古人了解天文学，因为天文知识是一种实用的生存手段。

　　天文学可以帮助人们指示方向。知道准确的方向，可以在建造房屋时获得更好的采光，在迷路时找到正确的路线。在发明指南针之前，人们如何辨认方向？古人的答案是"白天望日，夜晚观星"。太阳总是东升西落，北极星的方向就是北方。利用星象来辨认方向的技能很早就被古人掌握了。从殷墟遗址发掘出来的房屋遗迹大多朝向东方或者南方；古埃及金字塔的四条基线也准确地指向东、南、西、北四个方向。

　　天文学还可以用来指示大概的日期和时间，这对于农业生产至关重要。在没有日历和钟表的年代，古人观察到了星象与气候变化之间的联系。比如北斗七星的指向和季节相关："斗柄东指，天下皆春；斗柄南指，天下皆夏；斗柄西指，天下皆秋；斗柄北指，天下皆冬。"黄昏时分的"大火"——即橙色的心宿二——从正南方天空逐渐移动到西南方天空，就是所谓的"七月流火"，表示天气要转凉了。另外，日出日落的方位也可用来估算季节，比如英国南部的巨石阵：有一种观点认为早期人类通过观察太阳从哪两块石头中间升起来判断季节（图 2-1）。在古埃及，每当天狼星在清晨随太阳一起升起时，尼罗河泛滥的时候就到了。泛滥的尼罗河带来的肥沃淤泥，对农业生产有巨大的帮助。埃及人观测天狼星随太阳升起的现象，以此为基础建立了历法，每年 365.25天。这就是现代公历的前身。

图 2-1　巨石阵日出

天文学与占星术

尽管天文学一开始就被科学地应用在不同领域，但作为最早诞生的学科之一，天文学还是不可避免地受到了迷信的影响。在古代中国，朝廷会供养一批"天文学家"，他们的重要工作是汇报天上出现的"祥瑞"与"凶兆"，并向皇帝解释这些现象对应着上天的何种"意图"。在欧洲地区，早期天文学和占星术也不分家，都与天象有关。天文学成为真正的科学，大概要到文艺复兴时期之后了。

所谓占星术，就是根据星象推算事物未来发展的方法。推算的目标包括个人命运和国家前途，等等。当今网络上流行的星座运势就是典型的占星术的应用。

这里需要说明一点：占星术不是科学。从科学的角度看，由于天体距离地面很遥远，它们对人类的影响非常微弱。比如说，计算一个婴儿出生时受到的万有引力和潮汐力，则火星对婴儿的这两种作用力都小于接生的医生对婴儿施加的作用力——虽然火星很大，但它太远了。

更重要的是，许多测试证明占星术不能给出任何准确的预测。既然占星术不能给出准确的预测，为什么许多人还会相信占星术呢？这可能和心理作用有关。占星术给出的结论往往是模糊不清的，可以从多个角度解释，而人们倾向于接受这些为自己"量身定做"的结论。澳大利亚学者曾经做过一项检验：将一群人的星座信息倒转一下，即把描述词语全部换成反义词，再提供给他们，结果大多数人仍然觉得这些对自己的描述非常准确。

另外，一些相信占星术的人会根据占星的结果采取行动，从而导致预言中的结果发生。据说，在唐朝初年发生了这样一件事：有人向唐高祖李渊汇报金星在白天出现在对应秦地的天区，所以秦王李世民会成为皇帝（太白昼见于秦，秦国当有天下）。李渊因此责问李世民，促使李世民发动政变（即著名的玄武门之变），夺取了政权。但也有学者认为这是在李世民发动政变后，一些人为增强政变合法性而牵强附会的记录，不足为信。即使这些记载属实，也只是巧合而已。

虽然占星术不属于科学，但是它对天文学的研究意义不可忽视。在古代社会，占星术的流行在某种程度上促进了人们重视星

图 2-2　正在观察天象的占星师（图片来源：Robert Fludd 著《Utriusque Cosmi Historia》，1617 年）

象记录。许多君主为了更好地维护统治，组织专业人员观测星象，比如中国的钦天监就是这样的机构，这里的官员是古代的官方天文学家。据说在夏朝，曾经有天文学家因为没有预报日食而被诛杀。这种帝王对天象的重视甚至迷信，客观上促进了古代天文观测的完整性，使古代中国天文学家保持较完整的星象记录——许多古代天象都仅见于中国的记载。

然而，占星术对天文学的发展也有一定的负面作用。当天象被赋予政治意义之后，天文学家对天象的解读甚至记录就不可避免地会受到干扰。有些天象即使没有专业知识的人也很容易辨认，例如日食、月食、彗星等，这类天象记录受到的干扰较小。但有些天象就不那么容易被识别，它们的解释权在天文学家手里。这类天象记录受到的干扰相对就比较大，比如"荧惑守心"（图2-3）被解释为凶兆，而"五星连珠"则被解释为吉兆。

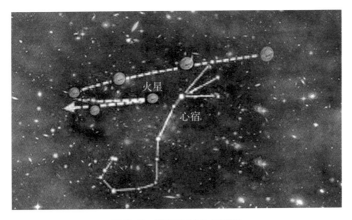

图2-3 "荧惑守心"示意图

所谓"荧惑守心",指的是火星在心宿中停留一段时间的天文现象。火星古称"荧惑",在中国传统占星术中象征残、疾、丧、饥、兵等凶象。心宿则是二十八宿之一,古人认为心宿中的大星代表皇帝,而前后小星代表皇子。于是荧惑守心就被视为统治者的凶兆,预示着皇帝驾崩甚至国家灭亡。古人大多相信天人感应,所以天象不吉利会被解释成上天不满意皇帝的统治。当这类事件发生时,皇帝往往惩罚高级官员以平息上天的愤怒。

既然荧惑守心的政治含义如此不吉利,为避免触怒统治者,古代天文学家在记录这一天象时就很难保证客观准确了,他们会尽量避免记载荧惑守心事件。根据现代天文学家推算,从公元前5世纪到公元17世纪发生的荧惑守心应该为38次,但其中只有10次被古代天文学家记录下来。

"五星连珠"则与"荧惑守心"相反,在大多数朝代被认为是祥瑞,象征着君主贤明和国家昌盛。所谓五星连珠,又被称为"五星会聚",指的是五颗大行星(水星、金星、火星、木星、土星)聚集在太阳同一侧并同时可见的天象。因为从地球上观察,行星和太阳都在黄道带上,所以五颗行星聚拢时大致会排成一条线,故而称为"五星连珠"。

然而,从古到今五星连珠的定义都比较模糊:五颗星需要聚拢到什么程度才算连珠?这里就给了古代天文学家很大的解释空间。根据现代天文学家的推算,如果五星聚拢在30度的张角范围内算作连珠,那么从公元前200年到公元2000年之间,共发生了17次可以用肉眼直接看到的五星连珠现象。但相同时期的历史记载与这个推算结果相去甚远。汉朝初年到清朝末年的史书中一共记载了 13 次五星连珠现象，但都与推算结果不符。

　　这个问题可能是由五星连珠的定义模糊导致的。但并非所有错误记载都因为这个原因。在 13 次记载中，有 8 次五星太接近太阳或者分散在太阳两侧，因此根本不可能观测到"连珠"现象。由于五星连珠被认为是祥瑞，天文学家可能虚报这种现象以讨好统治者。对于真正发生却没有被记载的五星连珠事件，也可能是出于政治和历史原因。比如公元前 200 年之后发生的 3 次最壮观且容易观测的五星连珠现象（以五星会聚的角度范围来判断），1次出现在游牧民族南下期间（332 年，南北朝），另外 2 次均出现在女主统治期间（公元前 185 年，汉高祖吕后统治时期；710 年，唐中宗韦后统治时期）。中原王朝的天文学家为了避免尴尬，可能对这几次五星连珠事件隐而不言。

历　法

　　除去占星术，古代天文学对社会的另一个重大影响就是促进历法的诞生，这是一个非常重要的影响。所谓历法，就是用年、月、日等时间单位计算时间的方法。古人通过观察太阳、月亮和恒星的运行来确定时间和季节，现代社会使用的时间单位大多直接来自古代。比如，时间单位"日"的定义来自太阳的东升西落，"月"的长度来自于月相的变化，而"年"的长度则由季节的循环得到。至于"星期"，它由 7 天组成，而这 7 天的名称来源于在恒星背景中运动的 7 个天体：太阳、月亮和 5 颗行星。

观察天体的运动可以推算某一天中的具体时刻。白天太阳的方位可以指示时间，因此许多古典文明都通过太阳照射某个细长物体产生的阴影来计时，这就是日晷的原理。例如埃及的方尖碑，其作用可能不仅仅是祭祀太阳神，它还是一个巨大的时钟。古人还可以通过月亮的方位、月相以及一些特定时间出现的恒星和星座来计时。大概在 4000 年前，古埃及人开始将白天分为 12 等分，这就是后来的时间单位"小时"的起源。古代中

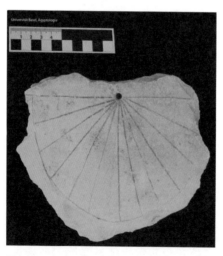

图 2-4　目前已知的世界上最早的日晷，制造于公元前 1500 年左右，发掘于埃及帝王谷

国人使用时辰，将一昼夜等分为 12 时辰，每个时辰对应现在的
2 小时。

在编写每年的日历的时候，古人面对着一个问题：1 个季节
循环的周期并不是月相循环周期的整数倍，而 1 个月相循环的
周期也不是日出日落周期的整数倍。换言之，1"年"不能分割
成整数个"月"，而 1"月"不能分割成整数个"日"。进一步，
1"年"也不能分割成整数个"日"。不同的文明面对这个难题给
出了不同的解决方式，随之产生了三种不同的历法：阳历、阴历
和阴阳历。

阳历，或者说太阳历，是主要依据和太阳有关的季节变化来
制定的历法。阳历以太阳的"周年视运动"的周期为年，中外天
文学家很早就得到阳历一年的日期为 365.25 天，后来更精确为
365.22 天，与当前的日期相差非常小。西方一开始采用的儒略历
就是以阳历为基础设立的，它规定 1 年分为 365 天，每 4 年设置
一个闰年，闰年有 366 天。这就解决了 1"年"不能分为整数个"日"
的问题。这个方法会导致每 400 年多出约 3 天，时间久了之后就
会产生较多偏差。后来采用的格里历在儒略历的基础上进行了
改进，规定那些是 100 的倍数但不是 400 的倍数的年份不是闰
年，比如 1900 年就不是闰年。当前大多数国家使用的公历就是
格里历，它是阳历的一种。阳历将 1 年分为 12 个月，但每个月
的开始和结束时间都与月相无关，也就是说阳历中的"月"只
是单纯的时间单位，而不与月亮的运行对应。不同的月份长度不
一，但大致为 30 天左右，这与月相周期长度基本相符，但大约多
出 1 天。

阴历，又称太阴历、月亮历，则是主要根据月相周期来安排的历法。阴历的代表是伊斯兰历（回历）。这是一种纯粹的阴历，它将一年分为 12 个月，每个月的第 1 天都对应新月出现的时间。由于季节变化的周期比 12 次月相变化周期要长，伊斯兰历中的"年"比公历的"年"要短 11 天左右。因此，伊斯兰历中的"年"不与季节变化对应，例如 1 月可以是冬天也可以是夏天。

对于古代农业社会，按照季节变化制定的阳历显然更适合用于农业生产，但季节的变化远不如月相的变化容易观察，所以许多文明早期使用的是阴历。有些古典文明将阳历和阴历结合起来，制成阴阳历（阴阳合历、太阴太阳历）以确保"月"与月相相关，同时"年"与季节相关。其中的代表就是中国传统农历。有时也称为"阴历"，但从天文学的角度，农历是阴阳历。农历中每个月还是以月相来定义，这是农历中的阴历部分。同时古人根据太阳高度（对应季节）和地面气候环境变化制定了二十四节气（图 2-5），这是农历中的阳历部分。二十四节气在公历中有对应日期（例如清明节一般在公历 4 月 5 日前后），但在农历中反而没有。为了让"年"的平均长度接近季节变化周期，古代中国天文学家让某些年为 12 个阴历月，某些年为 13 个阴历月，多出的那一个月就是闰月。闰月的设置非常讲究，2000 多年前中国人采用"十九年七闰月法"，就是每 19 年有 7 年具有闰月。随着时间的推移，这样的方法还是会产生偏差，因此需要更精细的计算来安排闰月。设置闰月，让农历的新年固定在冬春之交。农历中的

阳历用来指导农业生产，农历中的阴历便于推算潮汐等现象，
因此农历是一种融合了阳历和阴历优势的历法。

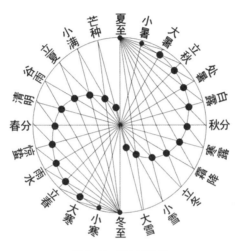

图 2-5　二十四节气

第 3 章

地月系统

　　我们脚下的大地，是一个叫作"地球"的球体吗？这个观念从诞生之初就不乏质疑。我们脚下的大地似乎一望无际，为什么有人会说它是一个球？每天我们看到日月星辰东升西落，为什么有人说运动的不是星星而是大地？如果大地在动，为什么我们没有感觉？

　　然而，如此违反直觉的"地球"理论在今天成了常识。人类经历了漫长的岁月才得到这一结论。在本章中，我们会从脚下的地球开始，先介绍文艺复兴时期日心说的确立，接着再介绍地球和月亮这两个人类最熟悉的天体的特性。

地心说与日心说

　　太阳和我们脚下的大地的关系是怎样的？是大地不动，太阳每天东升西落，还是太阳不动，大地每天绕太阳旋转一圈？

　　这个看上去荒谬可笑的问题，是近代天文学的开端。

　　古希腊时期，几乎所有天文学家都认为地球是宇宙的中心。后来古希腊天文学家托勒密在这个假设的基础上建立起"地心说"理论（图3-1）。地心说的概念包括：地球静止在宇宙中心，日、月、星辰沿圆形轨道围绕地球作昼夜旋转。

　　尽管这个理论因认为地球是球形而被教会长期视为非法，但后来却又因为符合"上帝创造了人类，并将他们置于宇宙中心"的说法而成为教会钦定的宇宙观。15世纪之前，欧洲民众觉得，太阳绕着大地转是显而易见的，"地心说"因此没有受到有力质疑。当时的人们认为，如果大地翻了个面，上面的人怎么会没有感觉呢？

　　但是，随着天文观测的发展，有人开始质疑这个观点。提出

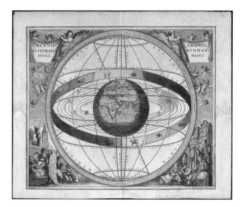

图3-1　托勒密的宇宙体系图。图中地球在宇宙中心，太阳和其他天体绕地球运动

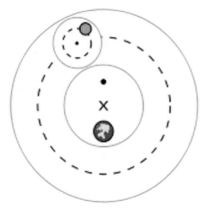

图 3-2 地心说理论中行星的运动

质疑的人居然还是个教士。他叫尼古拉·哥白尼。在职业生涯的早期，哥白尼也信奉过地心说。但地心说面临一个小问题：怎样解释行星的运动？从地球上来看，行星大多数时候自东向西运动，但它们偶尔会反过来自西向东运行。

地心说对此的解释方法引入了本轮和均轮的概念（图 3-2）。行星在一个被称为本轮的小圆圈内运动，本轮绕着一个被称为均轮的大圆运动。地球不在均轮的中心，而是偏向一侧，地球所在的位置被称为"离心"。

这种说法似乎能解释行星的逆行。但不同时期的计算都会产生偏差。对此，天文学家们的解决方法是：在均轮上再加小轮。如此层层叠叠下去，到了哥白尼的时代，为了解释太阳、月亮和五颗大行星的运动，流行的做法是使用 80 个左右的轮。

哥白尼本人参与过这些"轮"的推算，希望能建立一个完美的模型(图 3-3)。但随着轮的数目逐渐增加，模型越发复杂，然而问题却没有一点能解决的迹象，根据本轮与均轮理论推算出的结果离真实情况总有一些差距。例如，在 1504 年的一次行星观测中，哥白尼评论："火星的位置超过了 2 度，土星的位置则落后了 1.5 度。"

直到有一天，哥白尼发现了一个简单得多的答案：模型的前提就是错的。如果将地球从宇宙中心移开，降为一个普通的在轨道上运动的行星，同时将太阳移到宇宙中心，那么不需要很多轮，计算结果就精确得多。

哥白尼建立的宇宙模型，将太阳放在宇宙的中心，因而被称为"日心说"（图3-4）。在

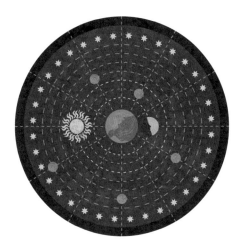

图3-3　地心说模型

当时，哥白尼担心受到非议，也担心受到教会的迫害，因为一个飞速移动的大地不符合人类日常生活的感受，也严重挑战了盛行的宗教观念。他迟迟没有发表自己的观点，直到临死前，他的著作《天体运行论》才出版。

《天体运行论》使许多人知道了日心说。但在几十年内大部分人不接受它，包括许多学者。一个重要的原因是那时的日心说并不能完美解释行星的运动。哥白尼虽然打破了地球在宇宙中心的传统思想，但他仍然认为行星轨道应该是完美的圆形。然而根据圆形轨道计算的行星位置与观测有差距，于是哥白尼在他的系统中同样加入了均轮和小轮，虽然轮子的数目比地心说里的轮子数目少得多，但在两种模型之间，大多数人更倾向于选择传统的地心说。

最终解决这个问题、彻底消除各种小轮子的是天文学家与数

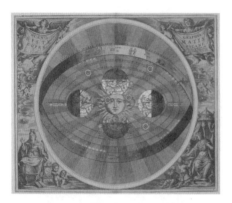

图 3-4　日心说的宇宙体系图。地球和其他行星都绕着太阳运动

学家开普勒。开普勒根据日心说仔细推算了行星的圆轨道，他发现，他的老师第谷的精确观测和日心说计算出的位置仍然有 8 角分的误差。8 角分只是满月对应的视角的四分之一，但第谷的观测数据早已精确到 1 角分。开普勒相信他老师的数据，因此认为理论存在问题。

　　经过多年的艰苦计算之后，开普勒将行星的轨道假定为椭圆形，然后发现不需要本轮就可以精确地预报行星的位置，而且这个模型的精度远高于地心说模型得到的精度。开普勒据此提出了行星运动的三大定律，有力地支持了日心说。

　　但是，开普勒的发现毕竟只是数学计算结果。许多人仍然不相信日心说，这主要是基于三个问题：

　　一是如果大地是运动的，那么在地面上的人看来，飞鸟、抛到空中的石块、云朵等都应该向后退。

　　二是当时的人们相信太阳、月亮、星星都是完美的圆形，并且不随时间变化。椭圆轨道不符合这一观念。

　　三是如果地球绕着太阳运动，则人们应该能观测到恒星的视差，即从不同位置观察同一个目标，恒星的相对位置的差异。

　　这三个问题都是由天文学家伽利略解答的。他提出了惯性理论，即物体有保持原有的运动状态的趋势，直到外力阻止它。惯性会使得飞鸟、云朵等随地球表面一起转动。伽利略还制造了一架天文望远镜，观测到了太阳黑子和月球表面的山谷等，充分证明了天体不是"完美"的（图3-5）。至于视差，伽利略认为恒星到地球的距离比原先估

图3-5　伽利略向威尼斯总督展示望远镜的使用方法

计的要遥远得多，在当时的观测条件下难以发现。

　　此外，伽利略用望远镜观测木星时，发现有4颗小天体围绕木星转动，而不是绕着地球转动。这个发现否定了地心说中"所有天体绕地球运转"的断言。另外，他发现金星和月亮一样，存在阴晴圆缺的相位变化。从地球上观测，金星的位置一直在太阳附近，那么相位变化意味着金星必定是绕太阳运转的；而在地心说中，金星绕地球运动，与地球的距离比地球和太阳的距离要小。那么金星只可能像新月那样是一个弯勾，而不可能是满月那样的圆盘。

　　不幸的是，在伽利略等天文学家所处的时代，天主教会有很大的权力，而教会支持地心说。许多日心说的支持者受到迫害，与日心说相关的书籍纷纷成为禁书。1633年，伽利略受到教会审判。他在审判中宣布放弃日心说，勉强逃过一死，但仍然受到了

终身监禁的处罚。伽利略在教会中有些位高权重的朋友。在他们的斡旋下，终身监禁改为伽利略待在自己家里，不得外出。天主教会直到 1992 年才正式承认伽利略无罪。

链接

恒星和行星的重新定义

从观星的角度，天空中的星星可以分为两类：一类固定在天球上组成星座，形成一幅天空背景，这类星星称为恒星；另一类在黄道带运行，穿越各个黄道星座，这类星星称为行星。在古希腊天文学家的眼中，太阳和月亮都算是行星，因为它们也在星座中间穿行。

但在哥白尼建立日心说体系之后，人们认为太阳是固定不动的，地球绕着太阳运行，于是恒星和行星的定义就发生了一些改变。太阳加入了恒星的队伍，地球则算作行星。至于月亮，它是一个新分类：卫星。

在现代天文学中，恒星、行星和卫星的定义如下：

恒星：一团发光的球形等离子体，由自身引力聚合在一起。

行星：一种围绕恒星或恒星遗迹运动的天体。它的质量足够大，导致行星在引力的作用下演化成球形，但质量又不能达到引发核聚变的程度。

卫星：环绕行星、矮行星甚至小天体运动的天体。它们不直接绕恒星转动。

以太阳、地球、月亮三者为例：太阳是个巨大的球形发光体，也就是恒星；地球自身不发光，围绕太阳运转，所以地球是行星。月亮也不发光，但月亮围绕地球转动，所以月亮是卫星。

虽然太阳被列入恒星的行列，但为了叙述方便，人们在提到恒星时，一般指的是太阳之外的恒星。

地球的自转

如果太阳是不动的，我们为什么会看到太阳的东升西落呢？这其实是因为地球自转的作用。

地球的自转，就是地球绕自己的轴转动的现象。想象你在一间昏暗的小屋里，面前有一盏台灯，照亮一个皮球，而皮球上有只趴着不动的蚂蚁。此时皮球会有半个面被台灯照亮，另外的半个面由于皮球本身遮挡灯光而比较暗。转动皮球，蚂蚁有时会在被照亮的半个球面，这时它能看到台灯；有时会在比较暗的半个球面，看不到台灯。在皮球转动的过程中，蚂蚁看到的台灯的位置也是变化的。将台灯换成太阳，皮球换成地球，蚂蚁换成人类，这就是人们看到的昼夜交替和日出日落。地球转一圈的时间被称为"一天"（图3-6）。

图3-6　地球的夜晚（图片来源：NASA）

很早之前，人类就开始将太阳升起的方向称为"东"，太阳落下的方向称为"西"。根据这一定义，地球的自转方向为自西向东。除了太阳之外，从地球上观测到的恒星的位置也会随着地球的自转而变化，这被称为恒星的"周日视运动"。

根据地球的自转，我们可以引入天球的"极"和"赤道"的概念。在地心说时代，人们认为星星都分布在一个包裹着地球的球面上，这个球叫作"天球"。如今我们已经知道天球只是个虚拟的概念，而同一个星座中的恒星，由于到地球的距离不同，彼此之间也可能遥远而毫无关系。

但是，天球的概念仍然被用来标注天体的二维位置。地球正北极对应的天球中的那一点被称为北天极，也就是地球自转轴延长线与天球北部的交点。地球正南极上空的那一点被称为南天极。地球赤道在天球上的投影被称为天赤道。由于地球实际上是绕着太阳运转的，我们能看到太阳在恒星背景中穿行，每年运动一圈，这就是太阳的"周年视运动"，那个圈就是黄道。

地球的自转导致大多数恒星出现东升西落的现象。但不是所有的恒星都是东升西落的，比如著名的北极星，它正好在北天极附近，看上去不会随着地球自转而变化，北极星的这一特性使得人们用它来指示正北方向；再如，北极星附近的一些恒星，虽然随着地球自转而环绕北极星运动，但不会沉落到地平线以下；而在与北天极相对的南天极附近，有些恒星则从来不会升起。这是在北半球地区观测的情况。在赤道区域，几乎所有恒星都会东升西落；而在南半球地区（例如澳大利亚、新西兰和阿根廷等），能看到南天极附近的恒星永不落下，但看不到北极星。因此，恒星的周日视运动的特征由它们在天球中的位置决定。

相对于恒星背景，地球的自转轴指向也是在变化的，以大约25800 年的周期扫出一个圆锥。这种变化被称为岁差（图 3-7）。岁差导致的一个重要结果就是北极星的变换，因为地球自转轴指向哪颗星，哪颗星就是北极星。现在的北极星是小熊座 α 星；公元前 3000 年的北极星则是天龙座 α 星；12000 年后，地球的自转轴将指向织女星方向，所以到那时织女星会成为新的北极星。想让小熊座 α 星重新成为北极星，则要等到地球自转轴在恒星背景上扫过一圈，也即是 25800 年之后了。

昼夜交替是地球自转带来的，在同一时刻，地球上有些地方是白天，另一些地方是黑夜。如果将白天太阳升起到最高点的时

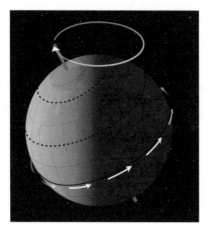

图 3-7　岁差示意图，地球自转轴相对恒星背景的运动

间定义为中午 12 点，则地球上不同地区的时间是不一样的。为了生活的方便，国际社会的惯例是根据一天 24 小时将地球划分为 24 个时区（有些国家会使用 24 个时区之外的半时区），以包含英国的时区为零时区，每向东跨越一个时区，时间提早一小时。例如，中国使用的是东 8 区时间，在中国东边的日本使用的是东 9 区时间，中国的下午 3 点是日本的下午 4 点。由于地理和政治原因，各国的时区往往不完全依据地球自转的情况来划分。比如，有些国家东西跨度较大，会使用多个时区；有些国家则倾向于统一国内时区。

考虑到地球是圆的，如果一位旅行者一直坐飞机向东飞，他会回到原来的出发地。根据"每向东则提前一小时"的原则，他回来之后时间会整整提前一天，这显然与实际情况不符。为了解决日期紊乱问题，人们制定了国际日期变更线，这是一条南北方向跨越太平洋的折线。日界线尽可能避开了人类生活的大陆和岛屿地区。从日界线自西向东跨越时，日期需要减去一天，例如于 2020 年 4 月 8 日 15:45 向东航行跨过此线，时间应变为 2020 年 4 月 7 日 15:45。

地球的公转

　　地球的自转使我们看到白天黑夜，日出日落。那么地球的公转（地球绕太阳运动）又会产生什么影响呢？最主要的，应该是"年"这个概念，以及与之相关的季节。

　　天文学家是怎样定义"年"的呢？依然是根据星空。一年的不同时间里，夜空中的星星是不一样的。这是因为地球绕太阳转，而太阳相对其他星星又太明亮了。地球悬浮在宇宙之中，四面八方都有星星。但太阳所在的那一面的星星我们看不到，因为它们在白天出现。这样一来，我们只能看到与太阳相反方向的星星。随着地球绕太阳运动，这个"相反方向"也在变化。但一年过去后，

链接

月份与星座

　　听说过黄道十二宫的人，应该也听说过某个月份对应的星座，比如 8 月大致对应狮子座。但如果你在 8 月的夜空中寻找狮子座，可能会大失所望：它不在天上，而在地下！所谓某个月对应某个星座，指的是这个时间段太阳在这个星座中。所以这个星座会在早晨升起，傍晚落下——基本看不见。

同样的星座又会再次出现，天文学家据此判断一年的长短。

地球同时进行着自转和绕太阳的公转运动，而自转和公转并不在一个平面上（图3-8）。想象一个陀螺，它一边旋转一边在地面上移动，旋转的时候可能是端正的也可能是倾斜的。地球就相当于一个倾斜的陀螺。地球公转面与自转面的倾角——黄道平面和赤道平面的夹角——被称为"黄赤交角"。黄赤交角是季节的重要成因。

图 3-8　地球公转示意图

我们很熟悉季节的变更交替。人们将一年分为春、夏、秋、冬四季。夏季的白天比夜晚长，天气比较热；冬天的夜晚比白天长，天气比较冷。为什么呢？这是因为黄赤交角导致不同的季节中，太阳光照射地面的角度不同，地面接收到的阳光不一样多。在每年6月份前后，北半球一侧倾向太阳，太阳会经过天空较高的位置，北半球处于夏天；而南半球一侧相对远离太阳，太阳只会在较低处掠过天空，南半球处于冬天。每年 12 月前后则正好相反，南半球一侧倾向太阳，而北半球远离太阳。

我们用一个比喻来解释这个问题：假设两户人家，某天都在室外晾晒被子。其中一家人将被子平摊在架子上，而另一家人将被子垂直挂在晾衣绳上。不幸的是，中途下起了大雨，最后两家人同时将被子收回室内。如果不考虑风的因素（认为雨是垂直落下的），那么谁家的被子会淋得更湿？显然，平摊晾晒的被子会淋到更多的雨水。

太阳光也是一样的。中国所在的北半球地区，6 月份太阳的位置更高，太阳光接近直射。这时地面更接近"平摊的被子"，接收到的太阳光比较多，所以这时候天气会热。而 12 月前后则正好相反，太阳光斜着照射地面，地面接收到的太阳光比较少，所以这时候天气会冷。南半球的情况与北半球不同。在澳大利亚、新西兰等国家，季节与中国是相反的。6 月份是冬天，而 12 月是盛夏。

地球是一个行星，所以地球的轨道也是个椭圆，在不同的季节和太阳的距离不同。一个有趣的事实是：在北半球地区，夏天地球和太阳的距离比冬天远！这似乎与常识相悖，离太阳近不应该更热吗？确实如此，但是地球和太阳的距离变化产生的冷热差异，远小于太阳光照射角度的影响。

对于地球上的大多数地区，地球的公转和黄赤交角带来了分明的四季。但不是所有地区都这样。在南北半球之间的赤道区域，太阳始终在天空中比较高的位置上。那里气候炎热，没有四季变化，不过可以大致分为旱季和雨季——雨季太阳的位置比旱季更高一些。而在南北极附近地区，则会出现极昼和极夜现象。在 6 月份前后，地球的北半球部分倾向太阳，在地球自转的同时，北极附近的地区始终处在太阳光照射范围内。假设从一头北极熊的角度来看，它会发现一天中太阳在天空中转了个圈，位置时高时低，但始终没有落下；这一天也没有夜晚，于是被称为极昼。但在同一天，由于地球的南半球部分偏离太阳方向，南极的企鹅会发现整天太阳都没有升起过，这被称为极夜。极昼和极夜都可以持续数月，越接近北极点或南极点，持续时间越长，最长可以达到半年。到 12 月的时候，就轮到北半球偏离太阳方向，北极地区出现极夜而南极地区出现极昼了。这时北极熊会挖个洞冬眠，而南极企鹅可以享受久违的阳光了。

月　相

除了太阳之外，月亮是天空中我们视觉能见的最明亮的天体。正如地球绕太阳转动，月亮也绕着地球转动。月亮绕地球一周大概需要 27.3 天。这导致月亮每晚升起的时间都比前一天晚上要晚 50 分钟左右。

人们很早就注意到，月亮的形状是会变化的。有时候它看上去像个圆盘，有时候是个半圆，有时候还是个弯钩。月亮的这些不同的形状被称为月相。

月相的形成可以用一个简单的实验来描述：假设在夜晚时分，实验者于黑暗的房间中点亮一盏台灯，同时实验者站在数米外，伸直一只手，手上托着一个小球。小球面对台灯的一面会被台灯照亮，而背对台灯的那一面相对比较黑暗。现在实验者原地旋转，这样小球就会绕实验者转动。实验者在观察小球时，就能看到小球出现相位变化——有时能看到一个被照亮的圆面，有时看到的是被照亮的半个圆面和半个阴影部分，有时看到的是一整个阴影部分。

在这个实验中，台灯可以代表太阳，小球代表月球，而实验者自己代表地球。月相的成因和小球一样：月球自身不发光，它的半个面是被太阳光照亮的。

地球上的观察者看到的月相取决于太阳、地球、月球三者的位置。地球上的观察者只能看到月球被照亮的那半个面，而这半个面有时候全部面对地球的方向（满月），有时候全部背对地球的方向（朔月），有时候部分面对地球的方向（弦月）。随着月球绕地球转动，人们就看到了月相的循环（图 3-9）。

月相与月亮升起的时间有关系。比如满月，月球和太阳在地球相反的两侧，所以满月一定在日落前后升起，在午夜时分升到最高点，在日出前后落下。与之类似，上弦月在中午升起（由于阳光的掩盖，此时看不到月亮），在傍晚升到最高点，在午夜落下。所以上弦月只能在上半夜观测。而下弦月相反，在午夜升起，所以只能在下半夜观测。

虽然月球是绕着地球转的，但月球和地球一样，存在自转现象。这里月球跟实验者托着的小球还有个相似之处：月球总是用同

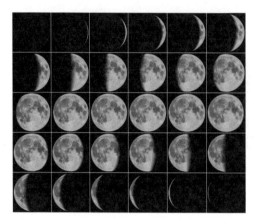

图 3-9　月相的循环

一个面对着地球的，这个面叫作月球的正面。与之相反的是月球的背面。人类只能够看到月球的正面以及很少一部分背面，地球上的人们需要发射飞行器才能观测到月球背面的大部分区域。

月食和日食

在上一节的台灯、小球实验中，可能有些实验者会发现两个问题：一种情况是实验者和小球一起背对台灯的时候，实验者的身体挡住了台灯照射到小球上的光线，于是小球进入身体的影子里，然后就变暗了；还有一种情况，就是实验者面对台灯的时候，由于托起的小球挡住了台灯，导致实验者不能直接看到台灯，视野变暗。这两种情况对应太阳、地球、月球系统，分别是月食和日食。

月食，就是太阳、地球、月球三者运行到一条直线上，且地球在中间时发生的现象。地球挡住了太阳照射到月球上的光，月球表面变暗，于是地球上的观测者就看到了月食（图3-10）。

日食，就是太阳、地球、月球三者运行到同一条直线上，同时月球在中间时发生的现象。月球的影子会落到地球上。但由于地球比月球大，于是月球的影子只能遮盖地球上的部分地区，导致这部分地区的观测者看到日食（图3-11）。

根据月相的定义可以得知：月食只会发生在满月的时候（农历十五前后），而日食只会发生在新月时分（农历初一）。但不是每个满月和新月都会导致月食和日食。这是因为月球绕地球运动的轨道平面和地球绕太阳的轨道平面同样有个夹角，所以大部分满月和新月时分三者并不能严格排成一条直线。这就如在台灯、小球实验的时候，将手举过头顶，这种情况下，人即使转很多圈，也始终挡不住台灯的光，而球也始终挡不住台灯的光。

由于太阳比地球和月球都大不少，地球和月球的影子都包含两个部分：本影和半影。本影中的太阳光是被完全遮蔽的，而半影中仍能接收到部分太阳光。换言之，本影中的观测者完全看不到太阳，而半影中的观测者能看到太阳的一部分。本影和半影导致了月食和日食中的一些有趣现象。

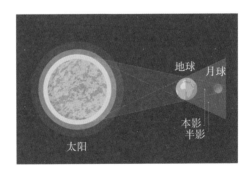

图3-10　月食示意图

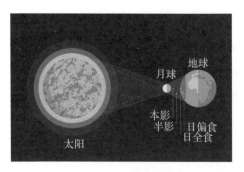

图 3-11　日食示意图

首先说月食。严格意义上的月食可以分为三种情况：月全食、月偏食和半影月食。在月全食过程中，月球进入地球的本影区域，本来明亮的满月会出现缺口，然后缺口变大直至覆盖整个月亮。但月球完全进入地球本影后，人们仍然能看到一个暗弱的古铜色月亮。这是因为地球的大气层折射了部分太阳光照亮月球，使月亮不至于完全从视野中消失。

月偏食是月球只有一部分进入了地球本影的情况。表现为满月出现缺口，但缺口没有覆盖整个月球。半影月食则是月球进入了地球半影的情况。由于在半影月食中，月亮只是稍稍变暗一些，不像月全食和月偏食那样存在明显的变化，因此半影月食比较难以引起人们的注意。

与月食类似，我们也可以看到三种不同的日食：日全食、日偏食和日环食。但这三种日食的形成机制与月食略有区别。

日全食是太阳完全被月球遮挡的现象。月球的本影落到地球上，在本影覆盖区域中的人们就会观测到日全食。在日全食过程中，太阳表面因为被月球遮挡而出现缺口，缺口扩大直至覆盖整个太阳。于是天空变黑，星星闪耀，甚至地面的气温都会暂时降低——也就是说，黑夜在白天时间出现了。但在太阳所在的位置，除了一片黑色的圆形区域（月球）外，周围还环绕着一圈浅色的光晕。这是日冕，太阳的外层结构。

　　月球本影的周围有巨大的半影，在半影覆盖区域中的人们可以观测到日偏食。日偏食发生的地区，人们可以看到被月球部分遮挡的太阳，也就是太阳可以从一个圆盘变成一个弯钩。除此之外，还有一种特殊的日食被称为日环食。这种现象的产生与太阳和月球大小的一个巧合有关：虽然实际上太阳比月球大得多，但月球距离地球更近，看上去它俩的大小是差不多的。但是，地球绕太阳的轨道和月球绕地球的轨道都是椭圆轨道，因此地球到太阳和月球的距离都存在细微的变化。所以，月亮有时候看上去比太阳稍大一些或者一样大，有时候稍小一些。月亮看上去比太阳大或者一样大时，可以遮住整个太阳，所以人们会看到日全食；当月亮看上去比太阳小时，只能遮住太阳中心区域，不能遮挡整个太阳，月球的本影到不了地球表面，地球上的观测者处在半影中，这种情况下人们可以看到一圈明亮的圆环，这就是日环食（图3-12）。

　　就发生频率而言，日食比月食出现的次数多。但每次日食发生时，地球上能够观测的区域范围很小；而月食发生时，大约半个地球的人都能够看见。所以一个人

图 3-12　日环食

一生中看见的月食往往比日食多。考虑到太阳、地球、月球三者的相互运动，日食和月食存在一定的重复性——大约 18 年重复一轮，这被称为沙罗周期。

不要用肉眼观看日食！

日食由于其壮观的景象，发生时往往会引起人们的围观。尤其是日全食，当白天顷刻之间变成黑夜时，很少有人会抗拒仰望天空的冲动。但日食的壮丽之中存在着危险：历史上有多次因为观测日食致人失明的记录。

这是因为太阳光对于人眼而言太强了。大多数发生的日食都是日偏食，即使日全食也有较长的偏食阶段。偏食阶段中月亮并没有完全遮挡太阳，而一点点的太阳光直射眼睛，都可以造成视力的永久性损害。因此，日食中唯一可以直接用肉眼观测的，是日全食的全食阶段（月亮完全遮挡太阳的几分钟）。然而，往往只有经验丰富的观测者才能判断什么时候可以用肉眼直视太阳，什么时候需要预先佩戴护目装置等待太阳出现。

此外，在日食过程中直视太阳，可能比在日常生活中直视太阳产生的后果更严重。假设某位观测新手在日全食阶段用肉眼观看日冕，但又没有在太阳从月亮边缘露出前预先戴上护目装置，那么他的眼睛由于在全食阶段适应了

链接

黑暗，瞳孔扩大，将在太阳光面前毫无防备。这和黑暗中看手机容易伤害眼睛是同一个道理，只不过太阳光对眼睛的损害远不是手机屏幕可以比拟的。对于儿童，视力损害的后果尤为明显。

第 4 章

太阳系

　　人类用肉眼可以看到的行星只有水星、金星、火星、木星与土星，日心说告诉人们，这些行星都围绕太阳运转，而我们的地球也是一颗围绕太阳运转的行星。一些彗星，也是人类用肉眼可以直接看到的天体。

　　天文望远镜被发明之后，人们能看见那些更远更暗的行星，如天王星，海王星。人类还发现了一些比上述行星小的"矮行星"，如谷神星、冥王星、阅神星。此外，人类还发现了大量小行星。这些天体绕太阳转圈，一起组成了太阳系。

　　太阳系共有多少行星？行星与矮行星的定义是什么？太阳系边缘有什么天体？在本章中，我们按照离太阳从近到远的顺序介绍八颗大行星以及它们的卫星系统，然后描述火星与木星之间的小行星带，最后介绍太阳系边缘的柯伊伯带和奥尔特云。

八大行星及其卫星系统

太阳系中到底包括多少颗大行星？这个问题的答案随着天文学的发展不断变化。在几百年前日心说确立的时候，科学家认为是 6 颗：水星、金星、地球、火星、木星和土星。望远镜和照相技术的发展使人们能够发现更暗的行星。到 20 世纪中期，太阳系中被认为是大行星的天体已经有 9 个，包括新增加的天王星、海王星和冥王星。但在 2006 年，天文学界更新了行星的定义，从而将冥王星排除出了大行星行列。到现在，我们一般认为太阳系中有 8 颗大行星。

这 8 颗大行星，根据它们与太阳的距离的远近，依次是水星、金星、地球、火星、木星、土星、天王星和海王星（图 4-1）。其中前四颗的性质类似，都是岩石类行星，因此被统称为"类地行星"，即"与地球相像的行星"；后面四颗都是巨行星，被统称为

图 4-1　太阳和八大行星示意图（图片来源：NASA）

"类木行星",即"与木星相像的行星"。这些行星中,有的具有天然卫星,这些卫星围绕着母行星运转。下面我们依次介绍这些行星和它们的卫星系统。

水星

水星(图 4-2)是距离太阳最近的行星。天文学界将地球和太阳的平均距离定义为一个"天文单位",水星到太阳的距离大约是 0.4 个天文单位。水星自转一圈需要 58 天,绕太阳公转一圈需要 88 天,也就是说水星自转 3 圈的同时绕太阳转 2 圈。由于水星的轨道是一个较扁的椭圆,水星上的观测者可以看到太阳停留在半空中甚至逆行的现象。

在太阳系行星中,水星的个头是最小的,平均半径只有地球的 0.4,而总质量只有地球的十八分之一。这样小的质量难以吸引住气体,因此水星表面气体非常稀薄,几乎没有大气层。

由于离太阳近且没有大气层遮挡,水星表面的昼夜温差非常大。在水星赤道地区,白天温度可以达到 430 摄氏度,而夜间又会降到零下 170 摄氏度,

图 4-2　水星照片,由信使号探测器拍摄(图片来源:NASA/JPL)

昼夜温差能达到 600 摄氏度。在水星的两极地区，温度可以长期维持在零下 170 摄氏度以下。根据雷达观测的结果，水星极区的深坑中可能存在大量冰。

作为类地行星，水星与地球的构造类似。类地行星的内部结构一般分为三层：从内到外分别称为核、幔、壳。水星的特别之处在于它有一个巨大的铁核，这个铁核大概占据了水星体积的 42%。作为对比，地球的核只占体积的 17%。

针对水星巨大的核是如何形成的这个问题，目前有多种假说。一种假说认为水星在几十亿年前有过比现在大的壳层，但在经历了一次剧烈的撞击之后壳层被炸飞了。另一种假说认为水星的壳层在太阳的长期烘烤之下蒸发掉了。总之，水星在形成早期可能比现在大很多，也拥有过正常的核∶幔∶壳比例，但在壳层大部分丢失之后核心部分的比例就上升了。水星巨大的铁核导致它有较高的密度，在太阳系行星中仅次于地球的密度。此外，水星是太阳系内除地球之外唯一一个拥有全球性磁场的行星。天文学家据此认为水星的铁核可能是熔融的。

从照片来看，水星表面分布着平原、山脉和低地等，此外还存在众多的撞击坑。在太阳系形成早期，大量小天体进入太阳系内侧并撞击各个行星。水星在没有大气层保护的情况下，遭受的撞击尤其严重。另外，这些几十亿年前的撞击坑能保存到现在，说明水星在撞击之后没有经历剧烈的地质活动。

水星没有卫星。

金星

金星（图 4-3）是离太阳第二近的行星，与太阳的平均距离为 0.72 个天文单位，绕太阳公转一圈只需要 0.615 地球年。它的质量大约是地球的 0.815，直径大约是地球的 0.95，都与地球接近，因而常常被称为地球的姐妹星。然而，从地球生命的角度来看，金星表面完全不适合生命生存。

图 4-3　金星照片，由水手 10 号拍摄（图片来源：NASA）

金星拥有类地行星中最浓密的大气层，其表面气压能够达到地球表面大气压的 92 倍。这些大气中 96% 是二氧化碳。如此多的二氧化碳导致了严重的温室效应：金星表面的平均温度能够达到 450 摄氏度以上，超过了水星，是太阳系中最热的行星。和水星表面巨大的温差不同，金星表面各处温度都接近。由于浓密的大气层包裹着金星，无论是赤道还是南北极地区，无论白天还是夜晚，温度都差不多。金星表面最"凉快"的地方在麦克斯韦山顶——这是金星上最高的山，"海拔"大概 11000 米，比地球上的最高峰——珠穆朗玛峰还高 2000 多米。然而，麦克斯韦山顶的温度仍然有 380 摄氏度。

金星的大气层

数十亿年前，金星表面可能有过和地球类似的大气层，甚至还有水。那时的金星更接近"地球的姐妹星"。但是失控的温室效应导致金星表面的温度急剧升高，水都被蒸发掉了。目前的金星表面已经不能维持生命存在了。

除了高温之外，金星大气中还包含了二氧化硫和硫酸云。这些云层能够有效地反射太阳光，所以我们看到的金星非常明亮。但与此同时，能够穿透云层到达金星表面的太阳光较少。二氧化硫和硫酸云可以生成硫酸雨，但硫酸雨并不会落到金星表面：由于金星的高温，雨滴在落地之前就会蒸发掉。因此，金星表面没有晴天或者雨天，都是见不到太阳的多云天气。

金星上存在大量的火山，其表面的 80% 被火山平原覆盖。与水星和月球类似，金星表面也存在撞击坑，但由于火山等地质活动，保存下来的撞击坑数量较少。

金星也没有卫星。

火星

火星（图4-4）是离太阳第四近的行星，也是离太阳最远的类地行星，它与太阳的平均距离为1.5个天文单位，绕太阳公转一圈需要1.88个地球年。火星的直径大概只有地球的0.53，在八大行星中是第二小的。它的密度也低于其他类地行星。火星的质量只有地球的0.11。

图4-4 火星照片，由罗塞塔探测器拍摄（图片来源：ESA）

从地球上看去，火星是红色的，这是因为火星表面广泛分布着红褐色的氧化铁。火星的地质活动不活跃，保留了很多远古时期的地形地貌，例如撞击坑、高山、平原和峡谷。火星上有着太阳系中最高的山——"海拔"20000米左右的奥林匹斯山，以及太阳系中最大的峡谷——水手号峡谷。火星上南北半球的地形明显不同：北半球是熔岩平原，而南半球则是充满撞击坑的高原。此外，火星表面遍布沙丘和砾石，在南北两极还有水冰组成的极冠。

火星表面大气非常稀薄，气压约为地球表面的0.6%。大气的主要成分也是二氧化碳，占95%。由于火星离太阳较远，受太阳光照射较少，尽管二氧化碳产生了温室效应，火星表面的平均温度也只有零下 30 摄氏度左右。

多年以来，火星被认为是太阳系中除地球之外最有可能存在生命的行星。火星的温度与地球接近，而且火星上有水存在。除了两极的冰冠之外，火星的土壤中也含有丰富的水分。2018 年，探测器甚至发现火星上存在液态水湖和有机物。但火星上存在微生物的假设仍未被证实。

火星有两颗卫星：火卫一和火卫二，形状均不规则。

木星

木星（图 4-5）是太阳系从内到外的第五颗行星，与太阳的平均距离是5.2 个天文单位，每 11.862地球年绕太阳转一圈，每9 小时 50 分绕自转轴转一圈，是太阳系里自转最快的行星。

木星是太阳系中最大的行星，直径大约为地球的 11 倍。质量是地球的

图 4-5　木星照片，由哈勃太空望远镜拍摄（图片来源：NASA/ESA）

318 倍，是太阳系内其他 7 颗大行星总质量的 2.5 倍，相当于太阳的千分之一。但与类地行星相比，木星的密度小很多。

木星密度小的原因和它的结构有关。木星是气体巨行星，主

要由气体和液体组成。木星由约 89% 的氢、约 10% 的氦以及少量氨、甲烷、水等物质构成。

木星没有明确的固体表面,天文学家将木星大气压等于地球表面大气压的地方定义为木星的"表面",这是木星大气层和木星内部的分界线。在此定义的基础上,木星的内部结构大致可以分为三层:最内层的金属氢、中间的液态氢、外层的气态氢。不同的层次中间同样没有明确的分界线,金属氢的核心部分可能还存在一个岩石或冰的内核。

木星拥有太阳系行星中最大的大气层,大气层高度超过 5000 千米。大气层中悬浮着氨化合物组成的云层。云层的颜色深浅不一,在不同的纬度形成了多个环带。在这些看似规则的环带之中,存在一个持久的气旋风暴,就是著名的木星大红斑。木星大红斑的直径超过两个地球,使用小口径的天文望远镜就能看见。

此外,木星周围有一个黯淡的环带。这是一个由环绕木星运动的尘埃和碎石组成的结构,宽度有 6500 千米,但厚度只有 10 千米。

木星的卫星系统比较复杂。自从伽利略发现 4 颗卫星以来,逐渐有更多的卫星被观测到。截至 2020 年,人类已经发现了木星的 79 颗卫星,其中 63 颗卫星的直径小于 10 千米,是从 1975 年开始才被陆续发现的。

木星卫星的一部分是球形的,剩余的则是形状不规则的。木星卫星中最大的是当年伽利略发现的 4 颗卫星:木卫一、木卫二、木卫三与木卫四,它们被统称为"伽利略卫星"。

土星

土星（图 4-6）是太阳系中距离太阳第六远的行星，也是太阳系第二大行星，直径大约是地球直径的 9.1 倍，质量大约是地球质量的 95.2 倍。土星与太阳的平均距离大约为 9.58 个天文单位，绕太阳一圈需要 29.46 个地球年。

图 4-6　土星照片，由卡西尼号探测器拍摄（图片来源：NASA/JPL）

作为类木行星，土星在许多方面都和木星类似。比如它主要由氢组成，包含少量的氦；结构可以分成岩石核心、金属氢、液态氢等，外围包裹着 1000 千米厚的大气层。土星的密度非常小，是地球密度的 0.1 左右，是水密度的 0.786。事实上，土星是太阳系中唯一一个密度小于水的大行星。如果有一个足够大的海洋，然后将土星扔进海里，那么理论上土星会浮在海面上。

土星看上去是一个土黄色的行星，最特别的地方是它那一圈明显的行星环，仿佛是一顶草帽。早在伽利略的时代，土星环就已经被观测到。土星环时隐时现的现象还引起了众人的讨论。

在更精密的望远镜出现后，人们确认土星周围存在一圈薄而且平坦的环，而土星环所谓的"消失"现象只是由于环带太薄，侧面对着地球时观测者看不到。土星环从土星表面 6000 千米高度处一直延伸到 120000 千米高度处，但平均厚度大概只有 20 米。土星环的主要成分是水冰。环带不是一个整体，而是由大量围绕土星转动的颗粒组成。环带上有许多缝隙，其中比较大的被称为卡西尼缝。

土星的卫星数量众多。截至 2020 年，已知的土星卫星数量为 82 颗，其中 12 颗为 2019 年确认的。土星的许多卫星非常小，但土星卫星中最大的卫星——土卫六——是太阳系所有卫星中第二大的卫星，它占据了环绕土星天体（包括卫星和环带等）质量的 90%，直径达到 5149 千米，比水星的直径大。土卫六是太阳系中唯一具有浓密大气层的卫星。

土星环中还有数十到数百个直径在 40 ～ 500 米之间的小天体，这些小天体不被视为卫星。

天王星

天王星（图 4-7）是太阳系从内到外的第 7 颗大行星。它的大小仅次于木星和土星，平均直径大

图 4-7　天王星照片，由旅行者 2 号拍摄（图片来源：NASA/JPL）

约是地球的 4 倍，质量大约是地球质量的 14.54 倍，与太阳的平均距离大约为 19 个天文单位，绕太阳一圈需要大约 84 个地球年。

虽然天王星也是类木行星，但是它的组成成分和木星、土星有所不同。木星、土星中包含大量的液化金属氢，而天王星内部则主要是冰和岩石。人们将木星和土星称为气态巨行星，而天王星则被分类为冰巨行星。

根据目前的理论，天王星的内部结构包含三个部分：最内侧的岩石核心、中间的冰幔以及外侧的氢氦壳层。其中冰幔占据了绝大部分的质量。冰幔并不是水冰冻成的一整块，而是水和一些挥发性物质组成的流体。

在八大行星中，天王星有一个特别之处，即它的轨道：它的自转轴歪斜得非常严重，几乎在它的公转平面上。也就是说，天王星可以认为是"躺着"自转的，它的南北两极在其他行星的赤道位置上。

截至 2020 年，人类共发现了天王星的 27 颗卫星。与土星类似，天王星也有行星环，只是它的环没有土星那么明显。

海王星

海王星（图 4-8）是太阳系八大行星中距离太

图 4-8　海王星照片，由旅行者 2 号拍摄（图像来源：NASA/JPL）

阳最远的一颗，与太阳的平均距离大约为 30 个天文单位，绕太阳一圈需要 164.8 个地球年。它的直径略小于天王星，是地球直径的 3.9 倍。但它的质量却比天王星稍大一些，是地球质量的 17.15 倍。

同为冰巨行星，海王星的内部结构和大气层都与天王星接近。在望远镜中，海王星呈现淡蓝色，这是由于大气中含有微量甲烷导致的。海王星有 14 颗已知的卫星和一圈黯淡的行星环。

海王星最大的卫星是海卫一。海卫一的质量占了所有围绕海王星的天体总质量的 99.5%。海卫一最奇特的特征是它的逆行轨道，这意味着它很可能是更远的天体在经过海王星附近时被海王星所俘获。海卫一与海王星的距离在慢慢减小，36 亿年之后，海卫一将进入海王星的"洛希极限"，从而被海王星的引力撕碎。

链接

海王星的发现历史

海王星是唯一一颗通过数学计算而非望远镜直接观测而发现的行星。天文学家们在发现天王星后，推算出的天王星的轨道总是与实际观测有较大误差，因而猜测天王星附近还存在一颗大行星，而这颗大行星对天王星的运动产生了扰动。根据天王星的运动轨迹，法国天文学家勒维耶与英国天文学家亚当斯分别独立计算了另一颗大行星的位置，后来果然在这个位置找到了一颗大行星，它就是海王星。因此海王星也被称为"用笔尖发现的行星"。

小行星

在天王星被发现前后，德国的天文学家提丢斯和波得归纳了太阳系大行星到太阳的距离，并给出了经验性公式，即提丢斯 - 波得定则。然而，根据这一规律，火星和木星之间应该存在一颗大行星。但这颗大行星一直没有被找到。

图 4-9　谷神星

20 年后，在波得预测的轨道上，天文学家终于发现了一颗行星。这颗行星被命名为谷神星（图 4-9）。然而，天文学家们怀疑谷神星并非他们期待的大行星，因为谷神星太小了——它的质量只有月球的百分之一。随后的几年间，天文学家在谷神星轨道附近又发现了 3 颗天体。这些天体看上去像行星，只是个头比谷神星还小得多。经过讨论，这些天体（包括谷神星）被统称为小行星。此后，火星和木星之间被发现的小行星越来越多，到目前已经超过了十万颗。

这些小行星是如何形成的呢？根据太阳星云假说，太阳系中的天体都是从弥散的星云中聚合而成。但火星和木星之间的物质没能够聚集成一颗大行星，而是保留了早期的形态。这些小行星共同组成了小行星带（图4-10）。太阳系的小行星绝大多数聚集在这一环带中，因此它又被称为"主带"。

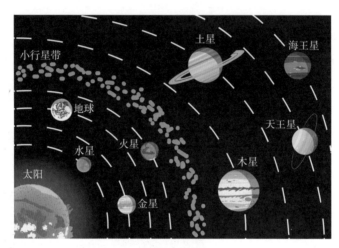

图4-10　小行星带

　　小行星在主带上不是均匀分布的。在离太阳一定距离的一些地方，主带上几乎没有小行星分布，这被称为"柯克伍德空隙"。柯克伍德空隙可能是由木星对小行星带的扰动形成的。

　　虽然小行星带拥有众多的小行星，但对于星际旅行而言，它还是个比较空旷的地方。科幻电影中飞船在小行星带躲避小行星的场景，实际上不太可能出现。更有可能的情况是飞船安全穿越小行星带，而不会碰到任何一颗小行星。

　　小行星带中的小行星可以分为多个类型，其中比较重要的有两种。在小行星带的外侧靠近木星的部分，聚集着碳质小行星，占小行星总数的75%。它们含碳量较高，颜色暗沉，并含有一定量的水。一般认为碳质小行星保持了太阳系早期物质的状态。在小行星带的内侧，有较多的硅质小行星，占小行星总数的17%。硅质小行星可能经历过熔融阶段，因而成分与原始太阳系有明显不同，且几乎不含水（图4-11）。

图4-11　不同大小的小行星（图片来源：NASA/JPL/JAXA/ESA）

21 司琴星
253 玛蒂尔德
243 艾达
(243) 戴克泰
433 爱神星
951 加斯普拉
2867 施泰因斯
4 灶神星　25143 糸川

　　碳质小行星和硅质小行星的分界可以用"雪线"来解释。在太阳系形成早期，越靠近中心部分（太阳）的物质温度越高，而越靠近外侧的温度越低。因此，存在一个到太阳一定距离的分界线：在分界线之外温度足够低，氢化合物（水、氨、甲烷等）能够凝结成冰，而在分界线之内则不能。这条分界线叫作雪线。雪线不仅是碳质小行星和硅质小行星的分界线，它也是类地行星和类木行星的分界线。

　　并非所有的小行星都停留在小行星带。在海王星轨道外侧，还有大量很小的温度非常低的天体，它们中的大多数也是小行星。小行星带中的小行星受到木星和火星的引力扰动，同时小行星之间也会相互吸引和碰撞。因此一些小行星会离开小行星带，甚至向地球的方向飞奔过来。如果某颗小行星的轨道与地球轨道相交，这颗小行星就是近地小行星。

近地小行星能够对地球表面的生命造成巨大的威胁。如果一颗直径在 1 千米以上的小行星撞击地球，引发的地震和海啸所产生的破坏将是难以估量的。不仅如此，撞击产生的烟尘遮天蔽日，会使地面上的植物长时间见不到阳光而大量死亡。这一影响通过食物链逐级传递，可以导致生物的大灭绝。事实上，现在被广泛接受的恐龙灭绝假说就认为：6500 万年前，一颗小行星撞击了墨西哥地区，导致了生物大量死亡，进而导致恐龙的灭绝。

考虑到近地小行星的危险性，国际社会对它们一直保持着密切监视。

链接

冥王星的降级

2006 年，国际天文学会重新定义了行星的概念，并将谷神星与冥王星都列入矮行星的行列，此前谷神星被归类为小行星而冥王星被归类为大行星。

自从 19 世纪海王星被发现之后，天文学家们通过观测数据计算得出结论：海王星不能完全解释天王星轨道所受到的扰动。人们猜测海王星外存在其他大行星，并一直努力寻找这个"太阳系第九大行星"。1930 年，天文学家汤博发现了海王星外侧的一个移动天体。后来这个天体被命名为冥王星，长期以来被作为"九大行星"之一。

但是，冥王星是不是预期中的大行星呢？许多人对此表示怀疑，因为冥王星的质量与直径都太小了，质量只有地球质量的 0.2%。此外，从 1992 年起，冥王星附近发现了众多的小天体，其中至少有一颗比冥王星大一些。因此，冥王星被称为大行星就不合适了。

流星和流星雨

虽然有些天体的"降落"会对地球造成威胁，但并非所有落到地球上的天体都是危险的。是否危险主要取决于天体的个头（此处指太阳系内的小天体）：小天体在进入大气层之后，与空气相互作用导致温度升高，小天体开始灼烧。大多数个头较小的小天体没等落到地面就烧掉了；少数小天体的残留部分可以到达地面，但残留部分太小，不会对地球构成毁灭性的灾难；只有其中极少数个头较大的小天体，才会对人类产生威胁。

我们从地面上看到的流星，就是一些小天体在大气中被灼烧时产生的亮光。如果小天体能够抵达地面，它就成为陨星，根据成分可以被分为陨石与陨铁。大多数流星烧剩下的陨石很小，大概只有绿豆那么大。

　　每年进入地球大气层的流星数量众多，但观测流星并不容易。在观测条件好的情况下，平均每小时天空中会出现一到两颗流星。不过，流星会在每年的某些日子里集中出现，每小时可以达到上百颗，这就是流星雨。

　　在对流星雨的观测中，人们发现流星似乎是从天空中的某一点向四周辐射开的。这一点被称为辐射点。对此的解释是太阳系中存在小天体群——一堆小天体聚集在一起绕太阳运动，导致整个轨道上都分布着小天体。如果地球轨道与这一群小天体的轨道相交，就会有大量小天体进入大气层。从地球上来看，这些小天体都是从同一个方向过来的，这个方向就是辐射点的位置。

　　每年地球都会经历数十个流星雨，但大部分流星雨的流星数量并不多。值得注意的主要有三大流星雨：

　　（1）象限仪座流星雨，发生于每年 1 月 3 日左右。这个流星雨持续时间较短且流星较暗，因而知道的人较少。

　　（2）英仙座流星雨（图 4-12），发生于每年 8 月 13 日左右。英仙座流星雨能够持续多日，且出现在北半球的夏天，是最容易观测的流星雨之一。这个流星雨的流星速度较快，产生的明亮流星较多。

图 4-12　英仙座流星雨（图片来源：NASA）

（3）双子座流星雨，发生于每年 12 月 14 日左右。这是比较稳定的流星雨，同时流星速度中等，容易被看见。

此外，还有大名鼎鼎的狮子座流星雨（发生于每年 11 月 17 日左右）可以关注。在大多数年份，狮子座流星雨的流星数量远不如英仙座流星雨。但每隔 33 年左右，狮子座流星雨会出现流星暴现象，高峰期每小时的流星可以超过 1000 颗。因此，狮子座流星雨被称为"流星雨之王"。下一次狮子座流星暴大约会出现在 2033 年。

需要注意，流星雨的"每小时流量"往往指的是观测条件良好且辐射点在天顶时能看到的流星数量。不幸的是，在大多数时候这两个条件难以都满足。所以对于流量在 100 左右的大流星雨，业余观测者每小时能看到的流星往往只有十几颗左右。

彗　星

如果说流星雨来自小天体群，那么小天体群又是怎么来的呢？这里就要提到另一种看似不相关的天象：彗星。

彗星可以分为两大类，一类是天空中拖着长尾巴的天体，外观和恒星及行星都有明显的不同，它们的尾巴被称为"彗尾"（图 4-13）；另一类是没有彗尾的彗星。从古到今，那些拖着长尾

图 4-13 Lovejoy 彗星，由国际空间站宇航员拍摄（图片来源：NASA）

巴的彗星都能引起人们的注意。

早期人类大多将彗星当成不祥的预兆，天文学家甚至讨论过彗星是不是一种大气现象。后来，天文学家根据对某些彗星的长时间观测，确定彗星是一种地球之外、太阳系之内的天体。

18 世纪早期，天文学家哈雷注意到历史记录中反复出现的多颗彗星具有类似的轨道。他认为这几次彗星事件其实是同一颗彗星，并预言了这颗彗星下一次出现的时间。当这颗彗星如期出现之后，它被称为哈雷彗星。

19 世纪中期，天文学家注意到了彗星和流星雨的联系。他们发现，英仙座流星雨的轨道与斯威夫特－塔特尔彗星相符，而在比拉彗星分裂之后，其轨道上出现了大型的小天体群。根据这些关联，天文学家使用"脏雪球"模型来描述彗星：彗星像一个雪球包含着尘埃和岩石。在靠近太阳的时候，由于温度上升，彗星中的挥发性物质喷发出去，而尘埃和岩石就散布在了彗星轨道上。地球穿过彗星轨道时，这些尘埃和岩石进入大气层，形成流星雨。

有的彗星可以分为三个部分：彗核、彗发和彗尾。其中彗核和彗发构成了彗头（图 4-14）。有的彗星只有彗核与彗发，没有彗尾。

图4-14　彗星结构图

彗核是彗星中的核心固体结构，由水冰、岩石和冷凝气体组成。彗核的形状不规则，大小可能在几百米到几十千米之间。彗核表面比较暗，可能包含复杂的有机化合物。这种暗色的表面能够有效吸收热量，促使彗星喷发出物质。

彗发是彗核周围的尘埃和气体共同组成的稀薄气体层，其中大多数是水。彗发的直径有些非常大，甚至超过太阳的直径。

在太阳风和辐射压作用下，有些彗星的彗发偏向彗星背离太阳的一侧，产生巨大的尾巴，也就是彗尾。一颗彗星可能有不止一条彗尾：其中一条比较直，背向太阳的方向，称为离子彗尾，这是太阳风的强烈作用造成的；另一条弯曲一些，拖在彗星轨道的后方，称为尘埃彗尾。

彗星在轨道的不同位置上，其形态也不同。当彗星距离太阳较远（比如说，在太阳系外侧）时，彗星处在冰冻且不活跃的状态。只有彗星进入太阳系内侧时，太阳辐射较强，加热了彗核中的物质，导致彗星喷发，彗尾才有可能产生。

作为绕太阳运动的小天体，彗星的轨道大多数是长椭圆形。轨道的一头接近太阳，另一头在太阳系外边缘。有些彗星轨道最远只能到达木星甚至小行星带，但这类彗星数量较少。根据轨道周期的长短，彗星可以分为两类：短周期彗星和长周期彗星。

短周期彗星指的是周期在 200 年以内的彗星。这些彗星轨道多数与大行星共面，且远日点在太阳系外侧的大行星附近。一般认为有些短周期彗星其实是被大行星引力俘获的长周期彗星演化而来的。另一些短周期彗星则可能来自柯伊伯带——这是海王星外侧的一个小天体环带。

长周期彗星的轨道更狭长，周期在 200 年到几百万年之间。它们的轨道也不一定与黄道面重合，而是可以有任意方向。这些彗星可能产生于奥尔特云——这是一个环绕太阳的遥远的球形区域。

柯伊伯带和奥尔特云

从 1990 年开始，天文学家在冥王星附近发现了大量冰冷的天体，包括阋神星、妊神星、鸟神星等。这些小天体大致分布在距离太阳 40 ～ 50 天文单位的环带上，而环带则位于黄道面中。这个类似甜甜圈形状的环带恰好与多年前天文学家柯伊伯所预言的

"柯伊伯带"吻合。

从很多方面看，柯伊伯带都与小行星带类似，它包含许多小天体，并且保留了太阳系形成早期的遗迹。柯伊伯带中也有和小行星带柯克伍德空隙类似的空隙结构，这是由海王星的扰动造成的。但是，柯伊伯带比小行星带大得多。另外，小行星带天体主要由岩石和金属组成，而柯伊伯带天体包含大量的冰冻可挥发物质，例如水冰、氨和甲烷。

柯伊伯带被认为是一些短周期彗星的发源地。当彗星靠近太阳时，太阳对彗星的加热会使彗星物质挥发，彗星体积逐渐减小甚至消散。因此，太阳系外侧需要有个区域补充彗星。考虑到一些短周期彗星的轨道聚集在黄道面上，柯伊伯带可能是它们的来源之一。

在柯伊伯带之外，太阳系可能还拥有一个最外层结构——奥尔特云。奥尔特云是一层包围太阳系的球形云团，距离太阳在数千到十万天文单位左右，一直延伸到星际空间。奥尔特云的外侧也就是太阳引力范围的边缘。

根据理论估计，奥尔特云主要由冰结构的小天体组成，小天体的组分包括水冰、氨和甲烷等固体挥发物。一般认为奥尔特云是长周期彗星的发源地：奥尔特云外侧受到的太阳引力较弱。若有一些扰动使得奥尔特云天体进入太阳系内侧，就可以形成长周期彗星。事实上，人们估算奥尔特云的位置时参考了长周期彗星的轨道：许多长周期彗星的轨道一头在太阳系内侧，另一头在距离太阳几万天文单位处。这是人们认为存在奥尔特云的理由。不过，到目前为止奥尔特云还没有被直接观测到，天文学家只是从理论上推断它存在。

第5章

太阳

　　光的神圣，普适于每个时代。在电器被发明之前，人类只能用火来对抗黑夜，因此，太阳——这个在升起的一瞬间将黑夜染成白昼的空中圆盘——被古人奉为至高无上的神灵化身。黑夜里我们可以仰望满天繁星的夜空，而在白天仰望时看到的只有太阳。在延续数千年的人类文明中，太阳的角色举足轻重。今天，经过上百年不懈的科学探索，我们已经对太阳有了比较全面的认识。在本章中，我们来简单认识一下太阳的本质，以及它和人类生活的密切关系。

太阳与古代社会

无论在哪个古老文明中，你都能找到古人对太阳的崇拜。古埃及的拉（Ra）、希腊神话中的赫利俄斯、罗马神话中的索尔、中国古代神话中的羲和……都是颇受崇敬的太阳神。大名鼎鼎的光明之神阿波罗在希腊和罗马神话中也具有太阳神的属性。这些太阳神都享有恢宏的神庙，供古人祭奠。在古代，祭祀是一项重要的社会活动。那时候，人们对于未知的自然充满敬畏，祭祀活动在某种程度上满足了人们心理上对安全感的需要。久而久之，这项活动成了一项社会活动，甚至对社会阶级和秩序的建立起到了推动作用。

太阳对于早期人类社会的另一个重要意义是，它为人们提供了计时的方式。在钟表出现之前，"时刻"大多需要依据太阳的位置给出。我们中国人最熟悉的"时刻"计量工具大概是日晷（图5-1）。或大或小，古观象台或是古代帝王的宫殿内总能找到它们。

在更早的时期，我们还发现了更原

图 5-1　日晷

始的工具，比如英国巨石阵（图 5-2）。几处巨石阵都建在史前时期。和世界上其他古代建筑奇迹一样，我们无法想象古人何以建筑如此恢宏的阵列。更让我们惊叹的是，它们居然能精确地指示着不同季节日升日落的位置。

图 5-2　英国巨石阵

感知太阳——颜色、距离、大小、温度

　　通常情况下，视觉感知排在我们对事物的各种基本感知的第一位，但太阳是个特例。任何人都不可以直接目视太阳（除了初

升的朝阳和快下山的夕阳可以看一小会儿），用肉眼直视太阳的
行为是被禁止的！太阳的外观可以通过摄影作品呈现（图5-3）。

图 5-3　摄影作品中的太阳

　　在我们的印象中，太阳在天上，形状圆圆的，颜色或红或黄
或白。我们先来讨论太阳的颜色。它在不同的时间，不同的位置，
显现出不同的颜色，那么它本身的颜色是什么呢？

　　在讨论这个问题之前，我们先简单谈谈什么是颜色。一方面，
一个物体要想被人眼看见，必须保证有光从它出发并入射到我们
眼睛里。对于一束光，你可以把它想象成一簇粒子（光子）的集合，
也可以看作几个光波的叠加。这一簇光子以同样的速度向你涌来，
而它们彼此之间却不尽相同。就像不同的人精力充沛程度不同一
样，光子也可以按能量大小被分为许多组，每组对应于一个波长
（一个与光子能量有关的量），波长越长，能量越低。

　　另一方面，人眼中有蓝、绿、红三种视锥细胞，每一种视锥
细胞对一定范围内的光子敏感，并向人脑传递每种颜色信号的相
应强度。信号强度（敏感度）与光子波长的关系如图5-4所示。

　　当然，我们眼中的世界并不只有这三种颜色。某些波长的光

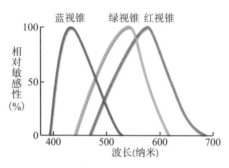

图 5-4　人视网膜中三种视锥细胞的光谱相对敏感性

子会令两种或三种视锥细胞同时感应，于是，不同比例的色彩的叠加造就了我们眼中色彩缤纷的世界。另外，人眼仅对某个能量范围内的光子存在感知能力。有些光子能量过高或过低，我们无法感知，属于不可见光范畴。

光的颜色取决于它的波长，不同波长的光子综合起来会令我们的视锥细胞产生特定的响应。

通过光谱仪等现代的仪器，科学家早就分析出了太阳发射出的光子的波长与对应的能量分布。太阳发出的光子的能量范围非常广，包括高、低能量的不可见光部分和能量居中的可见光部分，而波长 500 纳米左右的光子最多。太阳光就是由这些光子综合而成的（图 5-5）；它给人眼的感受是：白色。

于是你可能要问，头顶的太阳经常是黄色的呀。尤其日出日落，一般都是红彤彤的（图 5-6）。这时你要想到，太阳光刚从太阳表面辐

图 5-5　三棱镜将入射的太阳光色散成不同颜色的光，证明了太阳光的光子由不同波长的光子组成

射出来时是白色的，但一路奔波到我们眼睛里，这路途上有没有发生什么，以改变我们的观察结果呢？

图 5-6　红彤彤的太阳

　　其实，从太阳表面到人眼，对于肉眼可见的太阳光来讲，最复杂的路况出现在地球大气层中。地球的大气中充满了各种尘埃颗粒，对光（子）进行散射，不断将其路线偏折到其他方向。这些细小颗粒对能量较高的光子的散射作用更强，所以阳光射入地球大气后，更多红黄颜色的光子最终到达人眼。日出日落时候，太阳光要在大气中穿越更长的路程，经历更多次散射，才能到达人眼，我们看到的光也就更红。

　　太阳光这一路也算历尽坎坷。但你想过这一路有多远吗？有时候稍一抬头，发现太阳好像就藏在树梢或屋檐后，搬个梯子就伸手可及的样子（图 5-7）。然而，你若真想搭个梯子走到太阳上去，没有几千年肯定走不到。即便乘飞机，也得花二十多年时间。

事实上，太阳距离我们大约 1.5 亿千米，而地球上，所有的天气现象，比如风、云、雨、雪，都发生在距地表十几千米的范围内，比起太阳与地球的距离，不过千万分之一。

图 5-7 "触手可及"的太阳

既然太阳距离我们这么远，它的真实大小一定比我们日常所见大得多——近大远小嘛。那么它实际上有多大呢？有能力的同学，可以动手实践并试着理解一下小孔成像的光学实验。

尽管太阳比"挂在天边"的距离要远得多，我们还是能感受到这样一个大火球带来的巨大能量。你一定有这样的生活经验：寒冬中站到太阳光下就会比较暖和，夏天在阳光下雪糕会融化得尤其快。这是因为，太阳辐射出的光携带着巨大的能量，可以使它所照射到的物体的温度升高。

思考

?

　　在地球大气之外（接近真空），光（子）传播的速度为 300000 千米／秒。假设太阳光进入地球大气后，速度的变化忽略不计，简单计算一下，太阳光从太阳表面出发，要经过多长时间被我们看到？也就是说，每时每刻，我们看到的是多久以前的太阳？

小孔成像

这个实验在比较暗的环境中效果会更好一些。注意千万不要用眼睛直视太阳。你先点亮一根蜡烛,把它放在一堵墙或是其他可以当作一张屏的东西(一张白纸也行)前面,拉开一段距离。另外取一张不透光的纸板,上面用针或笔尖扎个小孔,让孔正对烛光,并将纸板置于蜡烛和屏之间。在三者连线方向前后移动纸板或屏,看看屏上面有什么? 如何变化?

如果实验成功,你应该能在屏上面看到蜡烛烛焰的倒像,随着孔或屏的移动变大变小。这其中的几何原理如图5-8 所示。同样的道理,你可以把蜡烛换成太阳,在屏上得到太阳的倒像。现在已知日地距离,又可以测得孔与屏的间距以及太阳成像

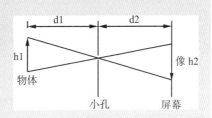

图 5-8 小孔成像示意图

的直径,太阳的真实直径自然就计算出来了。这个值大约是 140 万千米,是地球的 109 倍。它的体积足有 130 万个地球的体积那么大! 如果你要比质量的话,那么太阳的质量是地球的 33 万倍!

在科学的学习和研究中，当我们谈到某个概念，通常要想办法将其量化，也就是试图用数字去描述它。比如温度，我们可以泛泛地用"冷热"表达对它的感受，但不够精确。举个例子，你如何比较"有点热""很热"和"非常热"呢？为了度量能量，科学家规定了一些计量单位，其中最著名的当属"卡路里（cal）"。与我们生活密切相关的另一个单位是"千瓦时（kW·h）"，它就是我们用电时所指的"度"，是指功率为 1 千瓦的电器工作 1 小时所消耗的电能。这里功率是指单位时间内产生或消耗的能量，它的单位是瓦特，简称瓦，1 千瓦就是 1000 瓦特。曾经我们常见的普通白炽灯灯泡的功率在几十瓦或一二百瓦，而现在节能灯的功率仅有 3 ～ 20 瓦。

那你来猜猜太阳的功率有多大？凭直觉，你大概想不到这个值高达 3830 万亿亿千瓦。当然，太阳辐射朝向四面八方，地球能接收到的只是其中的一小部分，大概占其总能量的十亿分之一。如果每时每刻，我们有能力把到达地球的全部太阳辐射收集起来利用，哪怕有一半的损失，那也将是一份非常丰富的能量来源。可惜的是，直到现在人类也没有掌握这项技术。

我们知道，在冬天的房间里点一个火炉，距离太近，就会太烫；距离太远，就不觉得暖和。地球与太阳的关系也是如此：如果距离太阳太近，获得的能量太多，地球温度就会太高，这样地球上的生命就会被"烤死"甚至"烤焦"；如果距离太阳太远，获得的能量就太少，地球温度就太低，那么地球上的生命又会被"冻死"。所幸我们的地球离太阳刚好，不远不近，这是一个适宜生命存在的微妙"距离感"。

换句话说，地球处于太阳系里的"宜居带"，在这个宜居带里，温度适宜生物的存活与进化。而太阳系的其他行星，要么距离太阳太近而成为火炉，要么距离太阳太远而成为寒冷之地，它们都不在宜居带里。现在天文学家寻找太阳系外的行星，最关心的问题之一就是它们是否处于对应的"太阳"的宜居带里，只有在那里，才有可能进化出与地球生命类似的生命体。

烧 1 吨煤所获得的能量大约有 8.13 千瓦时，那么每小时太阳辐射到地球的总能量相当于燃烧了多少吨煤？从环保的角度，想想太阳能的利用为什么重要。

太阳为什么这样热

太阳是一个巨大的高温气体球，辐射出巨大能量。然而，它到底靠什么维持这源源不断的能量产出呢？说到这里，我们不得不先简单介绍几个物理概念。

首先要介绍的是原子。这是物质构成的基本单位。你随意在身边找个物体（固体、气体、液体都行），它们都是可以被分割的。但它们能不能被无限次分割下去呢？对此，古人分成了两派：一派认为可以，一派认为不行。认为不能无限分割的那一派认为：物质分割到某个层次之后，就无法继续分割下去。这个层次就是原子层次。也就是说，原子是物质的最小单位。现代科学则认为：原子是可以继续分割的，但要想保持物质的物理性质，就必须保持原子的完整。比如说，碳分割到原子层次还是碳，但继续分割下去，就不再是碳了。原子很小，只有亿分之一厘米。不同的原子构成不同种类的物质。

原子本身也有结构（所以上面说原子可以继续分割），它们由中心的原子核和在其外围运动的电子组成，而绝大多数原子核又由质子和中子组成（图5-9），仅有一个例外：最常见的氢的原子核，里面只有质子，没有中子。

质子和中子的质量几乎相等，但都远远大于电子的质量；电子的质量和它们相比可以忽略不计。所以尽管原子核非常小，直径仅有原子的几万分之一，它们却几乎拥有了原子的全部质量。

质子带正电荷，中子不带电，电子带负电荷。原子内部，质子和核外电子的数量相等，因此原子整体上不带电。

世界上没有完全相同的两片树叶，但宇宙中所有原子

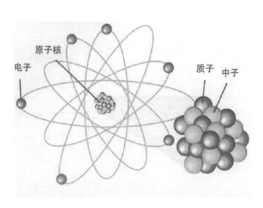

图5-9　原子组成示意图

里的质子、中子、电子都是一样的。原子和原子的不同主要在于它们原子核中的质子数目的不同。最轻的原子是氢原子（H），质子数为1。其次是氦原子（He），质子数为2。将所有元素对应原子的质子数由小到大排下来，就绘制出了著名的元素周期表。

接下来介绍著名的爱因斯坦质能方程：$E = mc^2$。

这个公式中，E 代表能量，m 为质量，c 为光速。它表明，一个物体所具有的能量和质量是直接相关的。通过一个物体所具有的质量，可以推算出它所具有的能量；物体质量变化的同时，能量也跟着变化。如果物质质量减小(不是转移)，就会释放出能量。

氢弹通过核聚变反应释放能量。所谓核聚变，就是几个原子核撞在一起，生成了一个新的更重的原子核。如果你仔细称一称这些原子的质量，会发现反应生成的原子总质量比反应前原子总质量稍微小了些。这个微小的质量差就转变为巨大的能量。这就是质能方程的一个典型应用。

太阳产生能量的方式与氢弹一样，都是依靠聚变反应。太阳内部主要成分是氢，在1500万摄氏度的高温、地球大气压的2000万倍的高压的环境下，太阳核心每4个氢原子核可以聚变成为1个氦原子核，因为4个氢原子的总质量大于1个氦原子，这个反应会释放一定的能量。虽然单次反应释放的能量非常小，但太阳内部的氢原子数量是巨大的，同一时刻参与反应的氢原子非常多，所以释放的总能量非常大。太阳内部的氢原子并不是一次性反应完毕，而是每次都只有一部分氢原子参与反应，所以太阳的核反应可以持续进行，直至将其核心区域可用的所有氢原子核耗尽为止。太阳一开始几乎都是氢，但能够利用的氢只是核心的那部分，外围的氢因为温度和压强不够大，无法发生核聚变。

依照科学家的推算，太阳从启动核心聚变反应到现在，已经有大约 46 亿年，它的核心还会继续聚变大约 50 亿年。所以，我们的太阳的寿命大概是 100 亿年，现在它正处于中年。

燃烧 1 克氢气将释放 143 千焦能量，1 焦 = 1/3600000 千瓦时。太阳质量约为 2×10^{30} 千克。假设太阳成分全部为氢气，请问太阳辐射的能量可否靠氢燃烧来维持？（提示：同时要考虑太阳寿命。）

太阳结构

太阳是一个炽热的火球，主要成分是氢。抬头仰望，我们所看到的那层圆圆的外壳，只是太阳的大气。这层大气不透明，所以我们也看不到它下面的内部结构。但科学家们可以借助物理模型将它推算出来（图 5-10）。

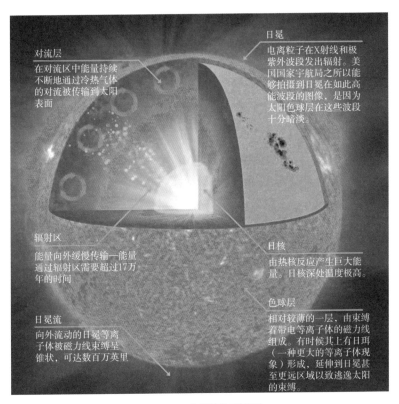

对流层
在对流区中能量持续
不断地通过冷热气体
的对流被传输到太阳
表面

日冕
电离粒子在X射线和极
紫外波段发出辐射。美
国国家宇航局之所以能
够拍摄到日冕在如此高
能波段的图像，是因为
太阳色球层在这些波段
十分暗淡。

辐射区
能量向外缓慢传输—能量
通过辐射区需要超过17万
年的时间

日核
由热核反应产生巨大能
量。日核深处温度极高。

日冕流
向外流动的日冕等离
子体被磁力线束缚呈
锥状，可达数百万英里

色球层
相对较薄的一层，由束缚
着带电等离子体的磁力线
组成。有时候其上有日珥
（一种更大的等离子体现
象）形成，延伸到日冕甚
至更远区域以致逃逸太阳
的束缚。

图 5-10　太阳结构示意图

　　大体来讲，太阳内部充斥着氢，按所发生的物理过程可分为
三层。最中心为核反应区，4 个氢原子转化成 1 个氦原子的热核
反应就在这里进行。这里高温、高压，在这样的环境中，物质会
发光，光子向外跑，用专业术语讲叫"向外辐射"。紧接着核区的
外面这层叫"辐射区"。辐射区的温度依然很高，但温度不足以
让氢聚变为氦。在辐射区的表层，温度已经下降很多了，因为不
同温度的物体在一起的时候总有成为相同温度的趋势，这个温度

的骤降使得物质无法保持稳定状态而沿半径方向对流起来。所以，再向外这一层叫对流层。

你一定奇怪，太阳内部这么热，一直在发光，为什么我们却看不到呢？刚才我们介绍了核区的高温和高压，其实整个太阳内部的温度和压力都非常高，所以密度也非常高。高温高压下，氢原子被拆散为氢原子核和电子，做十分混乱的随机运动。这时候一颗光子要想从太阳中心逃出来，尽管它非常小，但还是会被堵得水泄不通，要克服重重围堵，才可以逃出去。曾有人计算过，一颗光子，要想从中心逃逸到太阳表面，需要几十万年！

太阳大气

太阳"表面"以上就是太阳的大气，像地球一样，太阳也有大气，尽管大气之下依然是一团氢原子核与电子。太阳大气分三层：光球层、色球层、日冕（图5-11）。

光球层位于太阳大气的最下方，就像地球表面的那一层大气。它之所以被称为"光球层"，是因为太阳的光子经历几十万年的长途跋涉，到了这里终于可以比较自由地辐射出来了；而太阳本身是球形的，太阳表面所出来的光，构成一个球面，被称为"光球"。我们平日看到的那个圆圆的太阳的表层，就是太阳的光球

层。光球层的厚度约 500
千米。

光球层上方就是色球
层，它由稀薄而透明的
气体组成，密度为光球层
密度的万分之一，为地球
海平面大气密度的一亿分
之一。

从色球层底部往上，
物质越来越稀薄，从每立

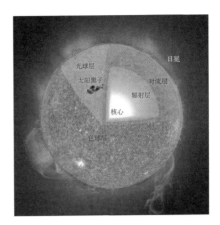

图 5-11　太阳大气结构示意图

方米 0.2 克降低到每立方米 0.00000002 克。色球层底部往上，
温度越来越高，最底层温度大约是 4100 摄氏度，顶层温度大约
是 25000 摄氏度。色球层呈现玫瑰红色，但因为其亮度被太阳
光球远远盖住，只有在日全食的时候或者使用特殊仪器的情况
下才可以看到（图 5-12）。

色球层上方就是日冕，
它由极端稀薄的气体组成，
其气压只有地球大气压的
百万分之一到百万分之六。
日冕的温度非常高，最低
温度有 60 万摄氏度，最高
可达 300 万摄氏度，远高
于太阳光球的温度（5500
摄氏度）。日冕的形状不规

图 5-12　日全食的时候，玫瑰红色的色球
层显现出来

则，在太阳宁静的时期，主要分布在太阳赤道一带；在太阳活跃时，围绕整个太阳，形成一个比较均匀的大圆。日冕就像太阳戴的一顶帽子，事实上，"冕"就是"帽子"的意思。日冕中也含有氢，但其更显著的特征是含有铁之类的物质。在日冕中，铁原子在高温环境中被高度电离，自身含有的 26 个电子被电离掉 13 个，成为带 13 个正电荷的铁离子。

在现代先进的观测仪器出现之前，只有在日全食，太阳的明亮主体被遮挡住的时候，我们才有机会观测色球层和日冕区域。1930 年，天文学家发明了日冕仪，之后研究太阳的天文学家都使用日冕仪来研究太阳的日冕。日冕仪使用一个圆盘遮挡掉太阳光球发出的光，从而使观测者可以直接观测日冕。

需要注意的是，太阳大气的分层并没有严格的界限。比如，色球层和日冕之间夹着过渡层，温度大约是 35000 摄氏度。

太阳的活动

在本节我们对太阳大气上的活动——太阳黑子、米粒组织、针状物、耀斑与喷发——进行系统介绍。

太阳表面光鲜亮丽，但也有瑕疵。据说，两千多年前，中国古代天文学家就发现太阳表面有黑斑，当时他们以为太阳长了天花，惶恐不安。后来世界著名天文学家开普勒和伽利略都观察到了这类黑斑，它们被称为"黑子"（图 5-13）。

图 5-13 太阳黑子

开普勒以为那是水星经过太阳时留下的投影，而伽利略则认为黑子就在太阳上，并根据黑子移动一周需要的时间推算出了太阳自转一周所需的时间。

现在我们知道，太阳黑子是太阳表面温度稍低的区域：黑子区域的温度为 4000 多摄氏度，太阳正常区域的温度是 5500 摄氏度。太阳内部的光子携带着热量传输到表面，决定了表面的温度。但黑子所在区域下面有强大的磁场，阻碍了太阳内部的热物质流到表面，所以这部分区域温度比周围低一些。由于亮度与温度的 4 次方成正比，黑子区域的亮度是太阳正常区域的一半以下，因此看上去是黑的。

黑子有大有小，大的直径可达 20000 千米，面积比地球表面积还大，可以存在几个月。小黑子寿命较短，只能存在几小时或几天。黑子通常成群出现，有时候黑子群铺张的长度范围可以和地月距离相比。在黑子群中，黑子也通常成对存在。我们都知道磁铁有南北两极，如果用磁感线来指示磁场，磁感线从北极出发指向南极。刚才提到黑子下面是强大的磁场，那么磁感线从一个黑子流出之后，还要从另一个黑子流入回到太阳内部，这两个黑子对应"磁铁"两极（图5-14）。一般太阳表面总会有一些黑子，数量或多或少。

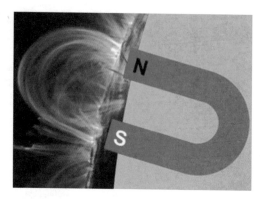

图5-14　磁铁+黑子磁感线

黑子的数量随着时间产生周期性变化。也就是说，黑子的数量每隔一段时间会变化到和某次观测的时候一样，这个时间间隔被称作一个周期。根据以往观测，这个周期从几年到十几年不等，平均为11年。

除了黑子这种明显的"黑"斑，还有一类颗粒状的结构遍布于太阳表面，被称为米粒组织。刚才提到，太阳内部的物质携带着热量传输到表面，如果有磁场阻碍，表面出现黑子。如果没有阻碍，一部分内部气体就高速喷出，达到最高点后，从四周回落，在太阳表面冷却，形成较暗的颗粒状气孔。这一组结构就是"米粒组织"。因为下面是气体热流，米粒组织的外形并不恒定，而且存在时间较短，平均只有10分钟。

除了温度较低的较暗区域，太阳表面还有很多温度较高的明亮现象。比如，在色球层常常会出现闪耀的亮斑，我们称之为太阳耀斑（图5-15）。因为这与强磁场有关，它们多在黑子群附近，并出现在太阳黑子最大的年份，一般持续时间为几分钟。可别小看这短短几分钟，它爆发释放的能量高达10亿亿千瓦·时，相当于全球数千年的发电总量！这些能量会影响地球磁场，轻则导致极光的产生，严重时还会干扰地球上的无线电通信。

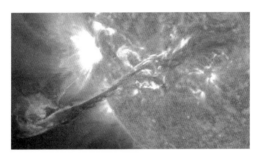

图 5-15　太阳耀斑。太阳的大气层，日冕，爆发成太空太阳耀斑（图片来源：NASA 戈达德太空飞行中心）

思考

? 上网查阅相关资料进行推算，一次普通太阳耀斑爆发释放的能量可以供北京市民用电多久？相当于多少吨 TNT 炸药爆炸？相当于多少次火山爆发所释放的能量？

色球层上不仅有明亮的耀斑，还有明亮的物质喷射现象。它们都和磁场有关，都是太阳内部物质向外喷射，但后者更为强烈，温度有 2 万摄氏度。一大团高温物质向外喷射后，绝大部分又划过弧线回落到太阳表面，好像太阳的耳环，被称作"日珥"（图 5-16）。

日珥可以分为宁静型、活动型和爆发型三类。宁静日珥持续时间较长，活动日珥则在不停变化，而它们都不如爆发日珥剧烈。

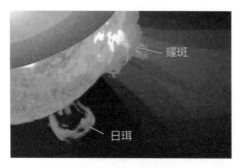

图 5-16　日珥

爆发日珥中的物质喷射得很高、很快，速度可达每秒几十到几百万千米。这些物质大多不会回落至太阳表面，而是被抛射到了太空。

此外，太阳色球层还会出现所谓的"针状物"。

太阳大气既然被称作大气，其上的活动便可以当作气候。太阳也会刮风，将带电粒子刮向外太空，即所谓的太阳风。也就是说，从太阳表面辐射出去的并不只有光，还有其表面发出的带电粒子。我们前面介绍过原子核结构，而太阳的高温足以让它们电离分解为电子和原子核。有时候风特别大，简直算风暴（图 5-17）。和耀斑类似，剧烈的太阳风产生的强大的外来磁场可能干扰地球的通信。

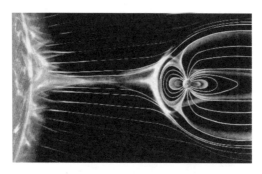

图 5-17　太阳风暴与地球

范艾伦带

范艾伦带——太阳风中的高能电子与高能质子不断向外倾泻，其中一些达到地球上空，被地球的磁场所捕获，形成了带状辐射区域。这一现象于 1958 年被爱荷华大学的范艾伦所证实，但在此前大约 50 年就已经在理论上被预测。范艾伦带分为内外两层，中间存在空隙，空隙处的辐射比较少。范艾伦带中的辐射对人造卫星等航天器有损害（图 5-18）。

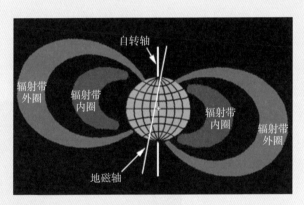

图 5-18　范艾伦辐射带的示意图，它被分为内外两层

太阳的运动

太阳，和我们的地球一样，也有自转和公转。先说自转。

想从地球上观测到太阳的转动，一定先在上面找到参照物。最方便的参照物是太阳黑子。刚才提到过大黑子可持续存在几个月，只要太阳自转一周的时间不超过几个月（实验结果显示这是对的），它们就可以在太阳自转周期中被当作表面标记。但是要注意，当我们在地球上观察到某颗黑子刚好转过一周的时候，太阳已经转过了一周多。因为太阳也是自西向东自转，与地球公转方向一致，所以太阳旋转一圈的过程中，地球已经又向东公转了一段距离。如果要计算得十分精确，那么地球自转也需要考虑。首次根据黑子的移动周期来确定太阳自转周期的是伽利略。

太阳自转一周大致需要一个月，但不同纬度地区自转速度不同，纬度越高的地方自转越慢：赤道（纬度为零）附近区域自转最快，转一周约 25 天；南北极最慢，转一周需要大约 35 天（图 5-19）。

至于公转，我们知

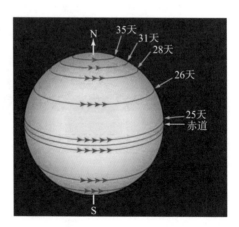

图 5-19 太阳自转周期

道月球绕地球转、地球绕太阳转，那么太阳呢？观测表明，太阳绕银河系的中心旋转。什么是银河系呢？这是一个巨大的"宇宙岛"，里面充斥着大量的像太阳一样的恒星。我们将在第九章详细介绍。

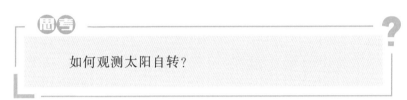

如何观测太阳自转？

太阳与我们的生活

没有太阳就没有我们，但太阳之于我们的生活，有利有弊。

除了前面提到的可能影响通信的磁暴，太阳辐射的紫外线也可能给我们带来伤害。现在"防晒"的观念已经深入人心，天气预报中会专门有一项"紫外线指数"，男女老幼，都建议根据预报涂抹相应指数的防晒霜。现代人的防晒，不再单纯以美观为目的，而是对自身健康的基础保护。皮肤暴露在烈日下，非常容易受到损害，轻者仅仅颜色变深失去弹性，严重的会红肿起水泡，甚至会诱发皮肤癌。

当然，总的来说，太阳对我们利大于弊。即便是可能伤害皮肤的紫外线，也是杀菌消毒的天然良方，因为紫外线能伤害皮肤细胞的同时，也可以破坏细菌细胞，起到杀菌作用。

太阳对地球最主要的作用是提供能源。首先，太阳光使地球保持一个适宜生物生存与进化的温度。其次，绿色植物吸收太阳光，通过光合作用生产碳水化合物（糖分），一方面是地球生命食物链的基础；另一方面，一些动植物死去之后被埋藏在地下，久而久之转化成了煤炭、石油、天然气等化石能源。最后，人类正在利用各种技术将太阳能转化为其他形式的能源，例如太阳能热水器、太阳能电池、太阳能发电站、太阳能集热器。

除了为地球生命生存提供基本需求之外，太阳还带给我们神奇绚丽的自然景观。除了我们熟悉的彩虹，罕见的极光也是太阳的杰作（图5-20）。

极光是如何形成的呢？我们知道，地球磁场的磁感线连接着南北两极。当太阳风中的带电粒子"打向"地球时，一部分粒子就顺着磁感线流向了两极，直击地球大气。大气中的气体分子或原子被高速粒子激发，就会发出耀眼光芒，这就是我们看到的极光。不同元素所发出的光的颜色不同，所以极光绚烂多彩。一方面，极光中蕴含着巨大的能量可被人们利用；另一方面，极光携带的强大电流也

图5-20　极光

会干扰我们的通信及电力传输。如何趋利避害，是我们当下面对的科技任务之一。

链接

太阳辐射与地球生命

尽管太阳能取之不尽、用之不竭，但实际上我们能够利用的太阳能相对于太阳辐射的总能量来说微不足道。前面讲到，太阳每秒释放的能量中，地球仅能分享到十亿分之一。而在所有射向地球的阳光中，一大半都被地球大气反射或吸收。成功穿过地球大气的太阳辐射三分之二分给海洋，三分之一分给陆地。海洋或陆地一边吸收能量一边又将能量辐射出去，形成一个有机循环。所有的动植物就在这个能量循环中以自己的方式分一杯羹。

太阳观测前沿

为了深入了解太阳，科学家与工程师通力合作，发射了多个探测太阳的卫星或空间天文台。其中，成就最大的是欧洲航天局

（ESA）与美国国家航空航天局（NASA）合作制造的"太阳和日球层天文台"（SOHO）。

1995 年 12 月 2 日，SOHO 被发射到太阳与地球连线上面，与太阳的距离为 1.5 亿千米，与地球的距离为 150 万千米。它随着地球一起绕太阳转，始终在太阳与地球连线之间。1996 年 5 月，SOHO 开始正式运行。它的设计寿命是 3 年，但实际上运行至今已经远远超过了设计寿命。

SOHO 的任务是调查太阳外层的性质（特别是日冕、耀斑和黑子）、太阳风以及相关的现象，并通过对表面特征的研究来推断太阳的内部结构与性质。此外，SOHO 还可以进行太空天气的实时预报、观测彗星。SOHO 的大量数据可以在网上免费获取，这使得很多业余天文学爱好者也有机会参与研究。比如，有业余天文学爱好者分析了 SOHO 的数据，发现了 140 个彗星。

链接

其他太阳探测器

除了 SOHO 之外，还有其他几个类似的探测器也在后来发射升空：1997 年发射的高新化学组成探测器（ACE，至今还在运行）、1998 年发射的太阳过渡区与日冕探测器（TRACE，2010 年停止运行）、2006 年发射的日地关系天文台（STEREO，至今还在运行）、2010 年发射的太阳动力学天文台（SDO，至今还在运行）、2012 年发射的高分辨率日冕成像仪（Hi-C，至今还在运行）、2015 年发射的深空气候天文台（DSCOVR，至今还在运行）。

除了以上的探测器之外，NASA 还在 2018 年 8 月发射了帕克太阳探测器。这个探测器以太阳物理学家帕克命名，也是 NASA 的第一个以当时还活着的人的名字来命名的探测器。帕克探测器的一个重要特点是：它将与太阳近距离接触，距离太阳仅 620 万千米，此前的探测器与太阳的距离都达到 1.5 亿千米，是帕克太阳探测器与太阳距离的 20 多倍。

帕克太阳探测器的目标有：确定太阳风起源处的磁场的结构与动力学特征；对那些加热了日冕、加速了太阳风的能量进行追踪；研究太阳表面的高能量粒子的起源。帕克太阳探测器将进一步对太阳风、日冕等重要现象进行深入研究。按照计划，它将在未来 7 次近距离飞掠金星，因此也会大大丰富人们对金星的认识。

第6章

恒星

太阳，这个燃烧着的气体火球，带给我们光和热，维持着地球上的生命。然而，茫茫宇宙中，它并不特殊。夜空中繁星点点，它只是亿万颗被称作"恒星"的天体中相当平凡的一颗。它看上去如此明亮，对我们如此重要，仅仅因为它是距离我们最近的恒星。是的，也许在其他恒星周围，也有像地球一样的行星，上面有生命把那些恒星当作神灵，敬畏有加。但是在考虑那些行星和可能的生命之前，我们先来探究恒星的秘密吧。

恒星的分布

　　恒星散布苍穹，如点点雪花。有一部分恒星单独存在，比如太阳，它们被称为"单星"。单星的各种特征都相对简单，因此它们是恒星研究的基本出发点。

　　远离城市灯火，明朗的夜空满天星斗。恒星看起来彼此之间相距不远，实际上，随便两颗恒星之间，即便"打个电话"也得至少好几年才能接通。离我们最近的一颗恒星是半人马座比邻星。已知光的速度是 30 万千米每秒。光从太阳出发，达到地球，需要的时间是 500 秒。光从比邻星出发，到达地球，大约需要 4.2 年，一年大约有 365 天，一天有 24 小时，一小时等于 3600 秒。请根据以上数字，计算地球与比邻星的距离是地球与太阳的距离的多少倍。

　　除了单星之外，还有一些恒星们不甘寂寞，聚集在一起：有的是两颗在一起，叫作"双星"；有的是三颗甚至更多颗在一起，叫作"三合星""四合星"，等等。我们用肉眼很难分辨出这些双星、三合星、四合星等恒星系统中的每一个成员。一是因为它们与我们相距甚远，二是它们之间距离太近。所以，许多我们看到的天上的明亮斑点，其实代表的不止一颗恒星。借助小望远镜，我们可以将一些距离我们不太远的双星分辨出来，比如天蝎座（图6-1）的心宿二，狮子座（图6-2）的轩辕十四。

图6-1　夏季天蝎座　　　　　　　　图6-2　狮子座

　　虽然不少双星、三星等多星系统通过天文爱好者的小望远镜就能分辨开来，但也有一些很难分辨是一颗星还是多颗星——你也许觉得这没什么，但天文学家们可不甘心。有时候天文学家要统计不同亮度的恒星的数目，这是天文学中一个很基本却很重要的工作，是研究恒星和星系形成演化（后面要介绍）的基础。

　　若把两颗、三颗或者更多颗恒星当作一颗，不仅会导致观察到的恒星总数比实际少，还会导致统计出的亮星比例特别高，因为这"一颗"恒星的亮度实际上是两颗或者多颗恒星的亮度总和。因此天文学家要通过各种手段确定出双星、多星系统的各个成员并分别确定它们的亮度与其他物理性质。

　　另一方面，双星与多星系统本身就是十分有意义的研究对象。

从最基本的层面讲，两颗或者多颗恒星束缚在一起，绕着共同的中心旋转，本身就具有动力学方面的研究价值。特别是对于双星和一些特殊的多星系统，可以根据绕转轨道的一些数据计算出它们的质量。恒星诞生于由气体和尘埃组成的星云。它们从不独生，而是成批地从星云中诞生。小星云中一般孕育成百上千颗恒星。这些恒星刚刚形成时聚集在一起，但并不十分紧凑，稀稀落落的。我们称这些恒星群为"疏散星团"（图6-3）。由于疏散星团中的恒星向各个方向运动，而恒星之间的引力作用又不够强，经过一段时间后，疏散星团就会瓦解，其中的恒星将成为和我们附近绝大多数恒星一样的独立恒星（独立恒星并不一定完全独立，很可能有伴星。这里的"独立"是指独立于星团之外）。疏散星团的寿命一般不到十亿年，远小于宇宙年龄。

有一部分星云中诞生了几万甚至几百万颗密集聚集在一起的恒星，这些恒星被彼此的引力束缚在一起，恒星彼此靠得很近，形成的团体像一个球，因此被称为"球状星团"（图6-4）。由于引力的强大束缚作用，球状星团在数十亿年的时间内都没有瓦解。我们用肉眼远远望去，球状星团中的数万颗恒星往往汇聚成模模糊糊的一小片，甚至只有一个点，好像一颗尤其明亮的恒星。别看它们体积小，球状星团的意义可十分重大。它们的年龄非常老，大多形成于宇宙早期，其中一些小质量恒星至今还在演化。宇宙年龄的最小值就是通过它们的年龄测定出来的。

无论年轻的疏散星团还是年老的球状星团，其中的恒星都形成于同一片星云，年龄大致相同。这个特性使得星团在天文学研究中起到了关键作用，本书后面会有所涉及。

图 6-3　著名疏散星团：昴星团（Pleiades）（图片来源：NASA）

图 6-4　球状星团 M54。左图：远观 M54 只是模糊的一个点，好像一颗巨大的恒星。
右图：放大后的 M54 图像，原来 M54 是由上万颗恒星组成的

闪闪的恒星——变星

"一闪一闪亮晶晶，满天都是小星星。"天上星星在我们看来一闪一闪，往往并不是恒星自己在闪烁，而主要是星光进入地球大气之后由大气抖动造成的。地球表面被大气包围，来自遥远恒星的星光在穿过地球大气时，会被这层大气折射。而地球大气是流动的，温度与密度瞬息万变，所以折射出来的星光的方向和强度也在快速变化着，产生闪烁现象，看上去就像在眨眼。

但是，并不是所有闪烁都是由我们地球的大气造成的。有一类恒星是真的在闪烁：它们自身的亮度正在发生变化，忽明忽暗，因此被称为"变星"。这些真正的变星在天文学中的角色举足轻重，尤其有一些可以被当作标准烛光给它们所在的位置测距离，这种测距方式几次颠覆了人类对宇宙尺度的认识。

不同种类恒星亮度随时间的变化方式不同。有的呈周期性，也就是每次恒星忽明忽暗一段时间，回到原始亮度之后，会接着以相同的方式再忽明忽暗一阵子，比如造父变星和天琴座 RR 变星。它们可以被用来测定 1 亿光年以内的距离。图 6-5、图 6-6 中给出了典型的造父变星与天琴座 RR 变星的亮度演化曲线——光变曲线。

另一些变星只变化一段时间，闪亮之后就持续变暗，没有周期性。比如超新星，爆燃后亮度迅速升高，而后逐渐变暗，不会重新变亮。它们被归类为"灾变变星"。超新星有多个种类，其中

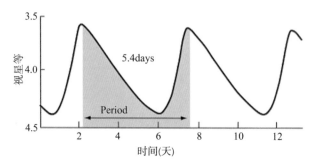

图 6-5　造父变星光变曲线。横轴为时间（单位：天）；纵轴为视星等。这颗造父变星的视星等变化范围为 3.6 ～ 4.3，光变周期为 5.4 天

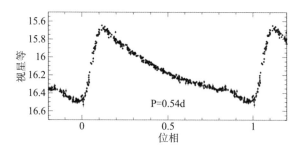

图 6-6　天琴座 RR 变星光变曲线。横轴可以理解为时间，1 对应于一个周期；纵轴为视星等。按图中所注，这颗变星的周期（P）为 0.54 天

Ia 型超新星可以用来测定几十亿光年内的距离。Ia 型超新星产生于双星系统之中：一颗白矮星（第七章将会介绍到的一种致密星）将伴星的气体吸积到自己身上然后爆炸，或者两颗白矮星并合在一起爆炸。1998 年，两个国际合作小组利用 Ia 型超新星测定了遥远宇宙中的星系的距离，证明了宇宙在加速膨胀，因此获得了 2011 年诺贝尔物理学奖。图 6-7 为一个 Ia 型超新星

的光变曲线。

为了了解变星的性质，天文学家必须在不同时间把这些变星的亮度记录下来，最好是每隔几小时就测一次，连续测量几个晚上，甚至几个月、几年，然后绘制出它们的光变曲线。光变曲线对于测定这些特殊变星的距离至关重要，因为它们的实际光度可以通过其亮度变化的方式推算出来。

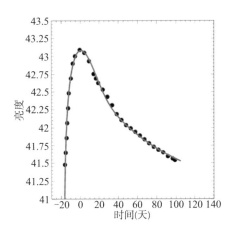

图6-7　Ia 型超新星的光变曲线。横轴为时间（单位：天）；纵轴为亮度

通过绘制光变曲线，我们可以得到某些特殊变星的实际光度。然后将实际测得的亮度与之相比，看看暗了多少，就可以推算出它们距离有多远。于是，在它们所处的位置上，天空被拓展出了新的维度。通过变星测定天体的距离是很伟大的发现。这其中，发现造父变星光度和光变周期的关系是一个里程碑式的工作。

还有一类变星，虽然它们看上去忽明忽暗，但并不是真的自身亮度有变化。它们往往存在于双星系统中，或是旁边有卫星环绕。若伴星或卫星绕转时候遮挡住了它们的光亮，它们就显得暗些；等那颗星绕开，它们看上去变亮了。这类双星被称为"掩食双星"，产生的变星叫作"食变星"。

恒星的诞生

现在我们要介绍恒星从诞生到死亡的历史了。第一幕便是它们的形成过程。

恒星，本质上都和太阳一样，是一团炽热的气体球。它们自身是气体，也诞生于一团气体。其实，宇宙间到处都弥漫着以氢原子为主的气体，但并不是到处都在形成恒星。恒星的形成，需要一定的特殊条件——必须有足够质量的一团气体聚集到一起，并且达到足够高的密度和温度。

恒星一般形成于星系中（星系的概念会在后面几章介绍）。星系中弥漫着大量气体。在没有恒星形成的区域，气体的密度大约为每立方厘米 1 个氢原子，温度为零下 270 摄氏度。但是，在孕育恒星的区域中，由于各种各样的原因，有一大团气体聚集在一起，这一大团气体的质量通常有太阳质量的几十倍到几万倍。这团气体中，每立方厘米中的氢原子数可以达到几千万个。在自身引力的作用下，这些物质粒子开始向中心坍缩，即下落。

在下落过程中，气体受到挤压会产生抵抗引力的向外压力。但是压力增长的速度比不上引力的增长速度，所以这团气体会继续缩小。然而，引力和压力不平衡，这终究不是一个稳定的运动，坍缩一定时间后，这个气体团（或称云团）开始碎裂成许多个小云团，这些小云团在各自的引力下继续坍缩，并不断将粒子的能量转化为热量，加热整个气体团，直至气体的核心区域达到氢的核

聚变需要的温度
与压强，启动核
聚变反应，形成
一批真正的恒星。
孕育这些恒星的
云团被这些新生
恒星点亮，熠熠
生辉，我们称之为
"星云"（图6-8）。

图6-8　猎户座大星云（图片来源：NASA）

宇宙中的第一批恒星在宇宙年龄大约为2亿年时就形成了。其中质量比较大的恒星会在形成大约1千万年之后爆炸，将里面合成的物质抛出去，进入周围的云团中，这些云团在以后也会形成恒星，因为掺杂了第一代恒星抛出的物质，因此被称为第二代恒星。一些大质量的第二代恒星爆炸后，也将物质散发到周围云团中，进入第三代恒星体内。我们的太阳就是一颗第三代恒星。

由于此前的恒星爆炸抛出了物质，形成新恒星的云团中不只有气体，还有尘埃。尘埃是一些小固体颗粒，包括冰、石墨之类。它们也漫布于宇宙空间，但不如气体多。恒星内部除了气体，也有尘埃，高温高压会将尘埃变成离子。恒星形成过程中，当气体聚集时，尘埃也同样聚集着。

尘埃的一个显著作用是消光。在恒星形成区，刚刚诞生的恒星们发出耀眼的光芒。但如果它们周围有尘埃遮挡，我们怕是要看到一片黑黢黢的尘埃暗斑了。尽管那些星光（这里星光默认指的是光学辐射。尘埃可以将吸收星光的一部分紫外线与可见光辐射并转而释放红外线辐射）在尘埃后面好像在努力崭露头角，我们却无能为力。如图6-9所示的鹰状星云。

由于恒星是批量地在星云中诞生的，所以恒星中几乎没有独生子，它们在一团团星云中，"一窝

图6-9　鹰状星云：尘埃遮挡住新生恒星的锐利光芒（图片来源：NASA）

一窝地"一起出生。孕育恒星的星云也有大有小，诞生的恒星们也因此有多有少。这些恒星也有大有小，但同一批诞生的恒星中，大小恒星的数目的比例往往是一定的。

同时诞生的恒星，最初被彼此的引力束缚在一起，但通常情况下，那些星云的质量并不够大，孕育出的恒星并不够多，之间的引力不足以让这些新生恒星长久束缚在一起。所以这一团团恒星（也就是前面提到的"疏散星团"）出生没多久就走散了，不过很多恒星还会就近牵着一位长久伴侣，组成前面提到的双星系统。还有一小部分恒星三四颗、五六颗聚在一起。而有些足够密集又足够多的恒星一直聚集在一起，也就是我们前面提到的"球状星团"。

主序星——青壮年恒星

一颗新生恒星，从核心的氢平稳"燃烧"（其实是核聚变）那一刻起，便步入了占据它一生中大部分时间的"主序"阶段。理论研究表明，质量超过 0.07 个太阳质量的恒星就有能力启动核心的氢聚变。恒星内部有很多氢，由氢原子核聚变生成氦原子的反应就这样有条不紊地进行着，可以持续几亿年、几十亿年，甚至上百亿年、上千亿年。具体持续多久取决于它一开始的质量：质量越大，燃烧得越快，寿命越短；质量越小，燃烧得越慢，寿命越长。

像太阳这样的恒星可以燃烧大约一百亿年；质量为太阳质量10 倍的恒星，只有一千万年左右的寿命；而比太阳小得多的那些恒星，则可以燃烧几千亿年——要知道，我们的宇宙到现在也才 138 亿年的年龄！所以那些小质量恒星，到现在还在主序阶段，还处于氢聚变的阶段。著名的天文学家马丁·史瓦西有个很著名的比喻：大质量恒星的燃烧就像一个特别有钱的人花钱大手大脚，很快就会把钱花完；而小质量恒星则像一个不那么有钱的人，勤俭节约，手上的钱可以花很久。

在"主序"阶段，恒星的状态基本保持不变。也就是说，你测量它的各种参数，测量值基本上不会随时间变化。这就好比我们人类从成年到衰老之前这段时期，身体机能已经发育完全，一切稳定而良好，还没有随时间衰退的趋势。因为这段时期很长，

我们可以测恒星的哪些参数？ ❓

占据了恒星一生的绝大多数时间，我们观测到的恒星绝大多数也都处于这个阶段。

在众多恒星参数之中，有三个非常基本的参数：质量、（某个波段下的）亮度、不同波段的亮度之比（即颜色）。

颜色主要反应恒星的温度：温度较高的恒星辐射蓝色波段（能量较高）的光远多于红色波段（能量较低）的光，颜色偏蓝白；反之，较低温度的恒星往往颜色偏红。这和我们日常生活中的经验吻合：烧得很热的铁块呈现白色；温度降低后，呈现红色甚至暗红色。

你可能很自然地就会猜到，恒星质量越大，中心核反应越剧烈，应该温度越高，看上去也更亮。这种猜测正确了一大半。对于已经成熟但还没有开始衰老的恒星，也就是占恒星绝大多数的青壮年恒星，它们的确是质量越大，温度越高，亮度也越高。但这个规律并不适用于开始步入死亡的恒星。

对于青壮年恒星（我们姑且称之为正常恒星），它们的温度和亮度的关系可以由非常著名的"赫罗图"（图6-10）来描述，它最先由丹麦天文学家赫兹伯隆和美国天文学家罗素分别独立观测发现，由此得名。这幅图中，越靠左边温度越高。这样绘图，有一定历史原因：两个人最初绘制这张图的时候，纵轴都是恒星光度，而对于横轴，赫兹伯隆用的是颜色，横轴从左到右是颜色变红，也就是温度降低的方向；罗素用的是恒星的"光谱"型，一种通过研究恒星光谱得到的参数，可以表征恒星表面的温度，横轴上左边为早型、右边为晚型，从左到右温度降低。

赫罗图是研究恒星最基本的工具之一，因为它展现了恒星三个基本性质的紧密关联，它们之间的

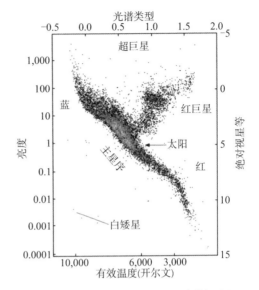

图6-10　太阳附近恒星的赫罗图（数据来源：ESA/HIPPARCOS；版权：Kenneth R. Lang, Tufts University）

关系强有力地限制了恒星结构和演化模型。也就是说，如果想知道我们对于恒星内部物理机制的认识是否正确，可以看看用我们对恒星的理解能不能"推算出"一张赫罗图。如果不能，那肯定就错啦。然而，赫罗图对恒星物理乃至天文学的意义远不止这些。

先思考这样一个问题：如果你正在做天文研究，把全夜空中的正常恒星挑选出来，测它们的亮度和温度（颜色），用这些测量值你能画出一条主序带吗？答案肯定是不能。

问题出在哪里呢？温度大概不会有问题，无论是通过颜色还是光谱测得。但亮度可就不是那么简单了，一颗遥远的亮星和一

颗近邻的暗星看起来孰亮孰暗呢？赫罗图上的亮度，指的是恒星的绝对亮度，也就是这张图上的恒星亮度应该是将恒星置于同样距离处测得的。但实际上，天上的恒星离我们远近差异悬殊，所以把它们的实测光度点在坐标上，纵轴方向肯定要弥散成一大片。那么当年赫兹伯隆和罗素是怎样成功发现的呢？

1907年，太阳附近很多恒星的距离和绝对光度已经被测定了，罗素当时是选择这些恒星来做研究的。比他稍早一些，赫兹伯隆则想出了一种不依赖恒星距离测定的方法。

前面提到过，恒星通常一窝一窝地诞生，星团里的成员基本都来自同一窝，形成时的空间位置和时间基本相同。也就是说，星团里面的恒星具有基本一致的年龄，并且与我们的距离相同。赫兹伯隆当年就拿星团里面的恒星做研究，成功发现了主序带。

然而，我们来看看，如果随机选取几个星团，里面的恒星的赫罗图的样子如图6-11所示。在我们选取的几个星团中，没有一个赫罗图能从右下一直延伸到左上，它们的左上方都没有恒星分布，倒是从中间开始

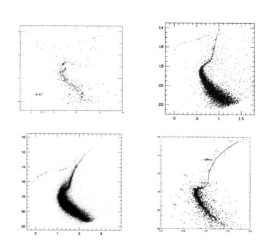

图6-11 几颗银河系内星团中恒星的颜色－星等图。横坐标为恒星颜色，可以衡量恒星温度。所以这些图可被视为赫罗图

向右上方分布了。这是因为恒星质量越大，寿命越短，所以只要
这个星团的年龄比较大，那些本来应该分布于主序左上方的恒星
便开始演化，也就偏离了主序带，向右上方分布了。那么为什么
赫兹伯隆当年能够发现一条几乎完整的主序带呢？原来他非常聪
明地专挑年轻的疏散星团
研究，比如前面提到的昴
星团（图 6-12），里面大
质量恒星还没来得及演化
呢。根据赫罗图的发现历
史，你能不能看出赫罗图
两个十分重大的意义？

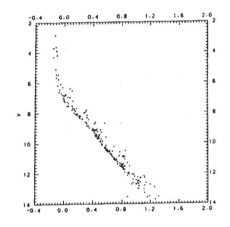

一方面，既然年龄更
大的星团中的恒星的赫罗
图的主序"拐点"更低，
我们反过来就可以通过星
团中恒星的赫罗图的主序

图 6-12　昴星团中恒星的颜色－星等图（可
被视为赫罗图）

拐点的位置推算星团的年龄，也就是它们形成的时间。

另一方面，既然相同年龄的星团应该具有相同位置的主序拐
点，也就是拐点对应的绝对光度相同，那么我们完全可以通过观
测星团主序拐点的实际光度来推算星团与我们的距离。这样星团
们在天上的二维平面分布就变成了三维分布，我们周围的宇宙结
构开始展现在眼前。

恒星的演化

不管经过多少年，只要它是一颗恒星，内部有核燃烧，它终将走向死亡，停止核燃烧的进程。恒星内部将氢聚变为氦的过程对应于主序阶段，此后恒星开始衰老走向死亡，像氦聚变为碳和氧等过程，都属于"后主序"的恒星演化阶段。

相比起它们在主序上停留的时间，恒星后主序阶段的演化堪称迅速，经历的时间远小于主序阶段。不同质量的恒星演化进程也大不相同。其实，对于质量比太阳大得多的恒星，我们至今也没有完全弄明白它们是怎样演化的。对类似于太阳的恒星，尽管细节上仍不太清楚，但大致图像已基本掌握。本节我们就来介绍一下不同质量恒星的演化，尤其是太阳质量恒星的演化。

恒星内部的氢聚变是从里到外进行的，就像一个中心被点燃的煤球，从里到外燃烧。这个由里到外的过程导致的结果是：最核心的氢从里到外被聚变为氦，而氦核与外面的氢交界处的氢依然在不断聚变，产生的氦继续堆积起来，导致氦核心变得更大。

一开始，氦的温度不够高，不会发生聚变，因此无法释放出热量来抵抗引力，导致引力不断向内压缩氦核，氦核中的电子因为靠得更近，开始产生显著的"简并压力"，这是一种量子力学效应。简并压力抵抗引力，让恒星核保持平衡。随着越来越多的氢聚变为氦，氦核心也越来越被压缩，温度和压强也越来越高。

如果恒星质量小于 0.4 个太阳质量，那么虽然它的温度不断升高，核心的温度却无法达到氦聚变需要的温度（一亿摄氏度），整个恒星就只有中心的氦和外层的氢。中心的氦核心被称为"氦白矮星"。

如果恒星的质量在 0.4 个太阳质量以上，那么氦核心的温度就可以在某个时刻达到 1 亿摄氏度，从而导致氦核心发生聚变，产物是碳和氧。对于那些一开始质量在 0.8 到 2 个太阳质量之间的恒星，恒星的氦点燃后不久，恒星的外层就会膨胀到原来的几百倍那么大，温度降低到原来的一半左右，大约 3000 摄氏度，导致星体呈现红色。这样一个星体的亮度比膨胀前亮了几千倍，因此被称为红巨星：红，代表颜色；巨，代表很亮。

由于质量比较小，氦核心聚变产生的辐射压力小于恒星自身向内的引力，导致星体被严重收缩，成为"简并物质"。简并物质很容易传导热量，导致温度迅速升高，而温度升高后，简并的氦核心却不会通过膨胀来降温（作为对比，那些没有被压缩的普通气体，温度升高时会膨胀），这就使得核心的氦聚变的速度增大，释放出更多能量，导致温度进一步升高。这个"恶性循环"过程使氦核心在几秒的时间内急剧聚变，同样时间内释放出的能量可达到正常聚变时的千亿倍。由于这个过程仅持续几秒，它被称为"氦闪"。

氦闪释放出的巨大能量会使氦核心重新膨胀，使得氦核心压缩程度降低，从而不再是简并物质，氦闪随之结束。氦闪虽然发出了非常高的能量，但这些能量从核心向外释放的过程中，会被整个恒星吸收掉，恒星之外的观测者几乎无法看到什么变化，因此至今这也依然仅仅是理论推断出的一个过程，并没有被观测到。

对于质量在 0.8 到 2 个太阳质量之间的恒星，当然也包括太阳，氦闪会发生好几次，然后平稳燃烧，最终在核心形成碳和氧构成的白矮星。

链接

恒星的分类

为了方便科学研究，我们需要将性质千差万别的恒星系统分类。赫罗图提供了一些分类的依据。

恒星根据亮度可以从暗到亮依次被分为白矮星、亚矮星、矮星、亚巨星、巨星、亮巨星、超巨星。根据颜色，可以被分为蓝、白、黄、红，等等。

有了这两个分类之后，就可以将两者结合。比如，蓝色的超巨星就是"蓝超巨星"，红色的超巨星就是"红超巨星"，黄色的超巨星就是"黄超巨星"，这三类超巨星都是大质量恒星演化到后期后形成的，最终都将彻底塌缩或者爆炸为超新星。

再如，蓝色的矮星就是"蓝矮星"，黄色的矮星就是"黄矮星"，红色的矮星就是"红矮星"，这三类都是主序

链接

星，落在主序带上。我们的太阳就是一颗黄矮星，离我们最近的恒星——比邻星——就是红矮星。白矮星非常特殊，它比其他矮星暗得多，比亚矮星还暗很多，所以单独分类。

第7章

恒星的残骸

　　恒星核心的燃烧结束后，会形成各种各样的残骸，最主要的种类有白矮星、中子星和黑洞。那么，它们又分别是怎样形成的呢？它们作为残骸，是不是就会永远存在呢？它们会不会安安静静地不再有任何活动呢？这一章，我们就来讲讲它们的故事。

白矮星

当我们仰望星空，将目光投向大犬座，会看到一颗非常明亮的星星，那是天狼星（图7-1）。天狼星是星空中除了太阳之外，看上去最亮的恒星。1844年，德国著名的天文学

图7-1　天狼星

家与数学家贝塞尔发现，天狼星在夜空中的移动路径不是直线，而是波浪线。根据其移动路线，贝塞尔推断天狼星有一颗伴星，这颗伴星与天狼星构成一个双星系统，使得两颗星围绕着两点连线上的某一点转动，大约每50年绕一圈。

由于观测仪器不够强大，这颗星当时没有被发现。直到1862年1月31日，美国天文学家、望远镜制造大师克拉克用自己磨制出来的0.47米望远镜发现了这颗暗淡的伴星。因此，天狼星被称为天狼星A，它的伴星被称为天狼星B（图7-2）。

一开始，天文学家认为天狼星B暗淡的原因是其温度太低。1915年，沃尔特·亚当斯首次获得了天狼星B的光谱，证明它的光谱与天狼星A很相似，这意味着它的温度和天狼星A差不多高。事实上，天狼星B颜色偏白，就是因为温度高导致的。温度很高，

图 7-2　哈勃太空望远镜拍摄到的天狼星 A 与天狼星 B。图中箭头所指的即是天狼星 B。天狼星 B 是白矮星，很小很暗

但亮度很低，只能说明它的发光面积非常小，远小于太阳的发光面积。1922 年，威廉·鲁丁将这类星体称为"白矮星"。天狼星 B 就是一颗白矮星。

至今，通过斯隆数字巡天（SDSS）项目观察已经发现了 9000 多颗白矮星。白矮星的质量大多数在 0.5 到 0.7 个太阳质量，最大的可

链接

第一颗白矮星

　　尽管天狼星 B 的发现史非常著名，但天狼星 B 却不是第一个被发现的白矮星，它是第二个被发现的白矮星。第一个被发现的白矮星是 40Eridani B，它与一个主序星 40 Eridani C 一起构成一个双星系统，绕着共同的中心旋转；这个双星系统的中心又和另一个主序星 40Eridani A 构成一个三星系统，绕着共同的中心旋转。40Eridani B/C 作为一个双星系统，在 1783 年 1 月 31 日被威廉·赫歇尔首次发现，比克拉克发现天狼星 B 早 79 年；然后这颗白矮星又在 1825 年、1951 年、1910 年被多次重新发现。

以超过 1 个太阳质量，但体积却比太阳小得多，只有地球那么大。
这就相当于把太阳的物质压缩到只有地球那么大——我们知道，
太阳的体积比地球大几百万倍，因此白矮星也就比太阳"密"得多，
它的密度大约是太阳的 100 万倍。我们平时喝的水，一滴大约 1
克，但如果是同样一滴白矮星物质，那就是大约 100 万克，也就
是 1000 千克，相当于十几个成年人的质量。

那么白矮星是怎么形成的呢？天体物理学家们在发现白矮星
后，对这个问题进行了多年的研究，终于得到了可靠的结论：一
些恒星在演化过程中，核心不断燃烧并收缩，成为致密的白矮星；
同时，恒星外层开始向外膨胀，有一部分外层物质最终脱离母体，
成为美丽的"行星状星云"——它们只是被这样称呼，实际上却
是恒星物质形成的，与行星没有关系。

更具体的研究表明，比太阳轻很多的恒星燃烧到核心变为氦
之后就无法继续燃烧，核心最终变为氦白矮星；质量在 0.5 到 8
个太阳质量之间的恒星，核心烧出氦之后还会继续烧出碳和氧，
形 成 碳 氧 白 矮 星。
我 们 的 太 阳 在 几 十
亿 年 以 后 也 会 演 化
为 一 个 碳 氧 白 矮 星。
我 们 知 道，钻 石 的
主 要 成 分 是 结 晶 的
碳，碳 氧 白 矮 星 的 内
部 就 像 一 颗 巨 大 无 比
的 钻 石（图 7-3）。

图 7-3　碳氧白矮星（右）与地球（左）差不多大小，
就像一颗巨大的钻石。图中的白矮星为艺术想象图，
真实情况下，我们无法直接看到它们的内部结构

白矮星形成后，恒星的核心不再进行核聚变，也就无法产生向外的辐射压力。但白矮星依然能够保持平衡状态，这是因为白矮星里面的电子靠得非常近，产生一种排斥力——简并压力。简并压力向外，可以抵抗恒星自身向内的引力，形成平衡状态。

但是，白矮星内部的简并压力不可能无限增大，而是存在一个极限，这个极限最多只能承受住 1.44 个太阳的质量产生的引力，一旦白矮星质量超过 1.44 个太阳质量，就无法继续稳定存在，而是会猛烈收缩并爆炸。这个极限质量就是著名的"钱德拉塞卡极限"。钱德拉塞卡在 1930 年之后的几年时间里发表了一系列文章，证明白矮星存在一个最大质量，超过这个质量的白矮星就不会稳定存在。

至今为止，天文学家观测到的白矮星的质量最低为 0.27 个太阳质量，最高为 1.33 个太阳质量，都没有超过 1.44 个太阳质量。

链接

钱德拉塞卡轶事

1931 年，21 岁的钱德拉塞卡证明白矮星存在最大质量极限。1935 年，当时 25 岁的钱德拉塞卡应天文学前辈爱丁顿邀请，在一次会议上做了一个报告，这个报告提出：白矮星具有一个最大的质量值，超过这个质量值的白矮星无法稳定存在。爱丁顿在随后的报告里猛烈地反驳了钱德拉塞卡的结论，并当众撕毁了钱德拉塞卡的讲稿，使他的学术声誉受到沉重打击。后来，计算机的计算支持了钱德拉塞卡的结论；1972年，人类首次证实宇宙中存在黑洞，再次支持了钱德拉塞卡的结论。晚年的钱德拉塞卡回忆这件往事时却表示：如果没有爱丁顿的无理而无情的打击，自己可能就会被随后到来的盛名冲昏头脑，而不大可能那么认真地做研究了。

　　如果白矮星处于一个单星系统中，比如像太阳系这样的系统，那么这颗白矮星会因为不断辐射出热量而导致温度不断降低，亮度也继续降低，最后成为黑矮星。如果白矮星处于一个双星系统中，那么将可能发生更多故事。

　　假如这个双星中的一个成员为白矮星，另一个成员为太阳这样的恒星或者更加巨大的恒星（比如"红巨星"）（图7-4），那么

图7-4　深空中的红巨星

在距离足够近时，白矮星就会从它的伙伴那里不断吸走气体，这些气体积累在白矮星的表面上，就像厚厚的雪覆盖着大地。但与雪不同的是，那些气体覆盖在白矮星上面，会导致白矮星表面的温度不断升高，到一定程度时，炽热的白矮星表面就可以让覆盖在上面的气体发生核聚变反应，释放出巨大的能量，并将这些积累了多年的气体迅速炸开。这个聚变、爆炸的过程会使得白矮星突然变亮，地球上的天文学家就会看到一个新的星星出现，因此将它们称为"新星"。

白矮星点燃覆盖物导致的新星爆发，还会合成很多锂，宇宙中的大多数锂就是这么产生的。几十亿年前的新星爆发，将产生的锂散发到太空中，在地球形成的过程中，一小部分锂沉淀在地球上。最终，有一部分锂被开采出来，用在各种场合，比如我们使用的手机中的锂电池。

白矮星不断从伴星那里吸走气体并在某个时候点燃它们，形成新星爆发现象，这个过程有时候会持续很多次，形成重复爆发的新星。

如果白矮星吸气体的速度太快，导致星体的质量在较短时间内增加到钱德拉塞卡极限，白矮星就会在不到 1 秒的时间内发生猛烈爆炸，成为超新星。如果双星系统的两个成员都是白矮星，那么随着时间演化，两者会逐渐靠近，最后碰撞在一起，也爆炸成为超新星（图 7-5）。

白矮星爆炸产生的超新星属于 Ia 型超新星。尽管 Ia 型超新星最亮时的亮度并不统一，但人们发现，越亮的 Ia 型超新星，亮度降低得越慢，根据这个特点，可以通过修正将大量 Ia 型超新

图 7-5 白矮星爆炸的两种方式：单个白矮星吸了太多气体而爆炸、两个白矮星逐渐接近并撞在一起

星成为基本一样亮的超新星，从而成为标准化烛光。使用这个标准化烛光，我们就可以测量出非常遥远的宇宙的距离。当然，Ia型超新星作为标准化烛光来测距离的前提是：需要测出与我们最近的一些 Ia 型超新星的距离，这个可以用造父变星作为标准烛光来确定。

1998 年，两个互相竞争的小组，经过多年的奋斗，分别独立地使用 Ia 型超新星作为标准化烛光，测量出遥远宇宙的距离，从而判断出宇宙正在加速膨胀，因此推断宇宙中存在一种起排斥作用的力量。这种神秘的力量被称为"暗能量"。确定宇宙中有暗能量，是物理学与天文学的一个里程碑式的发现。

图 7-6　箭头所指的亮点为 Ia 型超新星 SN 2014J。这个超新星处于 M82 星系，这是 1987 年之后被发现的距离我们最近的超新星

中子星

　　上面说过，那些初始质量小于 8 个太阳质量的恒星，会在核心产生氦白矮星或者碳氧白矮星。那么，对于那些初始质量超过 8 个太阳质量的恒星，它们会形成什么呢？

　　研究表明，初始质量在 8 到 10 个太阳质量之间的恒星，会在晚期形成氧、氖、镁三种元素为主的核心，这个核心构成一个"氧－氖－镁白矮星"，但这样的恒星在晚期不会像质量更小的恒星那样喷发出行星状星云并让里面的白矮星暴露出来，它们会发生"电子俘获反应"，然后向内坍缩，将氧－氖－镁白矮星压缩成一个几乎完全由中子构成的星体，即"中子星"；与此同时，外层下落的物质被坚硬的核心反弹出去，然后中子星发射"中微子"，将外层物质炸开，形成超新星。

　　一开始时质量在 10 到 25 个太阳质量之间的恒星，在核心烧出氧、氖、镁之后，还会继续燃烧，烧出硅、铁、镍。铁无法继续燃烧，恒星内部的核反应也就停止了。随着越来越多的硅转化为铁，铁核心越来越大，最后铁核心内部的电子之间的简并压力无法支撑铁核向内的引力，铁核开始向内坍缩，内部形成中子星，外部炸成超新星。

　　上述图景是在过去几十年才逐渐建立起来的。第一个将恒星、中子星与超新星联系在一起的是巴德与兹威基，他们在 1934 年的一篇论文里提出，

图 7-7　高磁化旋转中子星

有些恒星演化到后期，会向内坍缩，将中心部分压缩成中子星，恒星的外层部分被炸成超新星。

　　我们知道，物质由原子组成。原子里面，电子围绕着原子核运动，原子核的体积只占据原子体积的几百万亿之一，因此原子内部绝大部分是空的。如果将物体里面的电子压入原子核内部，使物体完全由中子构成，那么这个物体就比普通物质密集几百万亿倍。假如将一个太阳那么大的星体压缩成中子星，那它的半径

将只有大约 10 千米。

如果真有这样的星体，只需要手指头那么大的一小块，就有几千亿千克。地球上有大约 70 亿人，全部加起来，总质量也才大约 3000 亿千克。这意味着，只要手指头那么大的中子星物质，就可以与全世界人口的质量一样！

因为中子星的性质如此不可思议，所以中子星的概念提出来之后的几十年间，一直被绝大多数天文学家所忽视，甚至有人嘲笑研究中子星和研究"一个针尖上可以有几个天使在跳舞"一样无聊。

但事情在 1967 年发生了戏剧性的变化。1967 年 11 月 28 日，剑桥大学的安东尼·休伊什的研究生乔瑟琳·贝尔在使用休伊什架设的射电望远镜阵列时，发现了一个奇怪的射电信号，这些信号每隔一段时间出现，间隔的时间非常准确，都是 1.33 秒，就像人的脉搏一样，因此在后来被称为"脉冲星"（图 7-8）。

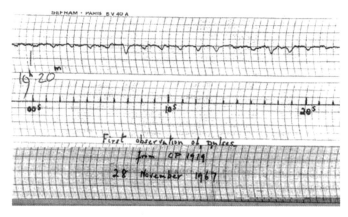

图 7-8　贝尔记录下的第一个的射电脉冲信号，时间跨度为 20 秒，脉冲信号（凹陷处）周期为 1.33 秒

在脉冲星被发现前不久，弗兰克·皮西尼就已经提出：旋转的带有磁场的中子星会辐射能量，并将能量输入周围的超新星遗迹物质之中。1968年，托马斯·戈尔德也独立地提出类似的模型，这个模型认为中子星的辐射方向与其旋转轴方向不重合，导

链接

发现脉冲星的她

乔瑟琳·贝尔，1943年7月15日出生于北爱尔兰埃尔默郡的勒根镇。1965年毕业于格拉斯哥大学，进入剑桥大学攻读博士学位。1967年，24岁的贝尔首先发现了脉冲星的信号。但在宣布这个重要发现的论文里，她只是第二作者，她的导师东尼·休伊什为第一作者。1969年，贝尔博士毕业，因为受到排挤，毕业后离开了剑桥大学。1968年，即发现脉冲星之后的第二年、博士毕业的前一年，贝尔与马丁·博纳尔结婚，改名为乔瑟琳·贝尔·博纳尔，也因此被称为博纳尔夫人。但更多人依然称其为贝尔，主要原因为其最重大的贡献是在结婚前做出的。1974年，休伊什被授予诺贝尔奖，但贝尔未获奖。诺贝尔奖评委会遗漏贝尔的行为受到了广泛批评。2014年，BBC将其发现列为"20世纪最重要的科学发现之一"。2018年9月6日，贝尔获得基础物理突破奖特别奖，奖金300万美元。她立即将这笔钱捐出，帮助年轻的博士研究生。

致其发出的辐射绕着旋转轴周期性地运动，当一颗中子星的辐射周期性地扫过地球时，就成为观测到的脉冲星。这个模型被称为"灯塔模型"（图7-9）。

过去多年来的研究表明，那些一开始时的质量超过8个太阳质量的恒星，演化到后期，

图7-9　中子星的灯塔模型可以解释脉冲星。图中绿色线为中子星旋转的轴，而淡蓝色的光束表示中子星辐射的方向，两者不重合，因此辐射会不断扫过某个方向但又马上离开，周而复始

大部分成为超新星。而这些超新星爆发后，大部分又在中心留下中子星，它们的半径只有10千米左右，质量却和太阳相当。天文学家们已经可以通过测定一些重要的数据来计算中子星的质量，它们中质量最大的也只是略大于2倍太阳质量。

稳定的中子星的内部也不发生核反应，那么它靠什么抵抗强大的引力呢？答案是中子与中子之间产生的排斥力与中子星内部的核力。虽然中子不带电，但它们在靠得足够近时，还是因为量子力学效应，产生强大的排斥力。上面提到的白矮星内部的电子之间的强大排斥力，也是由于量子力学效应产生，并不是电子与电子之间的电磁力。

中子与中子之间的排斥力和中子星内部的核力也存在一个极限，最多只能支撑起大约3个太阳质量的中子星（具体数值至今还没有完全确定），这个质量极限被称为"奥本海默极限"，因为

奥本海默首先计算了这个极限值。如果中子星质量超过奥本海默极限，将没有任何力量可以支撑它们继续稳定存在，它们会迅速向内坍缩，成为黑洞。

中子星被发现之后，迅速引起了整个天文学界的强烈兴趣，并迅速成为天文学的最核心概念之一。热衷理论的天文学家深入研究了中子星的理论，热衷观测的天文学家则大量搜索和测量中子星。约瑟夫·泰勒和他的研究生拉塞尔·赫尔斯就是20世纪六七十年代搜寻中子星的高手。就在休伊什因为"在发现脉冲星时的决定性作用"而获得诺贝尔物理学奖的那一年，即1974年，泰勒和赫尔斯发现：一个由两颗脉冲星组成的双星系统的轨道在不断缩小，导致绕转周期变小。

根据爱因斯坦的广义相对论，可以计算出它们在互绕过程中发出的引力波的强度，从而可以计算出这个双中子星系统绕转周期每年变小多少。泰勒与赫尔斯的观测结果与理论计算值非常吻合，从而间接证明了引力波的存在。两人因此于1993年获得诺贝尔物理学奖。

随着时间的推移，双中子星之间的距离会因为引力波辐射而越来越小，直到最后撞击到一起，这个过程需要大约几亿年的时间（图7-10）。同样在1974年，拉提莫与

图7-10　两颗中子星围绕共同的中心运转并接近

斯拉曼提出，黑洞与中子星并合的过程中，一些中子星的碎片会被甩出，这些碎片内部会形成大量重元素。很快，有人提出，中子星与中子星的并合也会甩出一些中子星碎片，形成重元素，包括金、银、铀与稀土元素。

1998年，当时正在普林斯顿大学读博士研究生的李立新（现在担任北京大学科维里天文与天体物理学研究所教授）与他当时的导师玻丹·帕钦斯基首次研究了中子星与中子星并合之后可能发生的现象。他们认为，中子星与中子星并合时抛出的碎片里含有一些放射性元素，这些放射性元素发生衰变和裂变，放出大量能量，将这些碎片加热，从而使得碎片辐射出可见光，产生类似于超新星的爆发现象。此后的一些更仔细的研究认为这类爆发现象的亮度大约是"新星"亮度的一千倍，因此将其称为"千新星"（图7-11）或者"巨新星"。

图 7-11　红色箭头所指的光点为首次被人类观测到的千新星——SSS17a

从 2005 年开始，人们就开始寻找"千新星"。当时人们已经普遍相信中子星与中子星并合、黑洞与中子星并合是一类时间短于 2 秒的伽马射线暴（短伽马暴）的主要来源，因此都希望在发现短伽马暴之后能够找到伴随它们的千新星。第一个可能的千新星是在 2013 年被发现的，它伴随一个短伽马暴。

2017 年 8 月 17 日，引力波探测器 LIGO 探测到了一个引力波，它的特征与理论模拟出的中子星与中子星并合非常符合，因此是一个来自中子星与中子星并合的引力波。在引力波被探测到之后 2 秒，伽马射线卫星 Fermi 探测到一个伴随这个引力波的短伽马暴；大约 10 小时之后，Swope 望远镜首次探测到伴随的"千新星"。这是天文学家首次探测到中子星并合导致的引力波，首次探测到千新星，首次直接证明中子星并合可以产生短伽马暴，从而成为天文学中的一个里程碑式的成就。

恒星级黑洞

如果你看过由著名的理论物理学家索恩担任顾问的科幻电影《星际穿越》，你一定对黑洞不陌生。黑洞作为一类天体，其引力强到周围一定范围内连光都无法逃脱，因此被形象地称为"黑洞"。

黑洞的概念可以追溯到 1783 年，那一年，地震学之父、测磁学之父、英国天文学家约翰·米歇尔在一篇论文（发表于 1784 年）里提出：将光看作粒子，那么从恒星发出光会受到恒星引力的作用，当引力足够大时，光将无法逃脱恒星，恒星也就无法被观测者看到。米歇尔将这类引力强到连光都无法逃脱的恒星称为"暗星"。1796 年，法国著名数学家、天体力学家拉普拉斯也在论文里独立提出与米歇尔类似的观点并在 1799 年进行了进一步计算。

现代的黑洞概念是在爱因斯坦提出广义相对论之后才有的。根据爱因斯坦的广义相对论，引力的本质是时空的弯曲，如果一个星体的质量足够大、体积又足够小，星体附近的时空就会弯曲到足以束缚住它发出的光，使其成为一个黑洞。

当前已经被观测证实的黑洞有三大类：恒星级黑洞、中等质量黑洞与超大质量黑洞。我们接下来重点介绍恒星级黑洞的形成原理，因为其他两类本质上是由恒星级黑洞吞噬周围物质并逐步合并而形成的，吞噬过程起主导作用（图 7-12）。

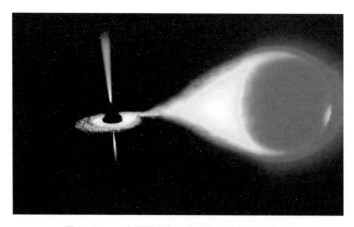

图 7-12　一个黑洞正在吸取附近一个恒星的物质

现代的一些理论研究表明，一些质量超过几十个太阳质量的恒星，演化到后期，可能爆发为超新星，也可能直接坍缩为恒星级黑洞。即使恒星爆发为超新星，留下的也不全是中子星，而是有一定的概率产生恒星级黑洞。

有些超新星爆发之后，先形成中子星，喷发出的物质的一部分回落到中子星上面，导致中子星质量增大。如果中子星的质量增到超过奥本海默极限，中子星内部产生的排斥力就无法继续抵抗住自身的引力，中子星就会坍缩为黑洞。这样的黑洞就是恒星级黑洞，它们的质量一般在几个到几十个太阳质量之间，少数超过 100 个太阳质量。

星系里存在大量星团，里面的恒星爆炸后成为恒星级黑洞，有些理论认为，多个黑洞会并合成为中等质量黑洞，质量在几百个到几万个太阳质量之间。早期宇宙中的第一代恒星死亡后形成的黑洞会互相合并，最终成为超大质量黑洞，质量在几百万到上百亿个太阳质量之间。我们的银河系的中心就有一个超大质量黑洞，质量为 420 万个太阳质量。

如果有一个系统由两个互相绕转的黑洞构成，则两者会在漫长的岁月里，不断发射引力波，导致轨道收缩。目前正在运行的引力波探测器 LIGO 和 Virgo 有能力探测到两个恒星级黑洞绕转到最后几分钟以及碰撞时与并合后发出的引力波。

2015 年 9 月 14 日，LIGO 探测到一对恒星级黑洞并合前瞬间、并合时与并合后发出的引力波，这是人类历史上首次直接探测到引力波，揭开了引力波天文学的全新篇章。根据计算，这两个黑洞的质量分别约为 36 个太阳质量和 29 个太阳质量，并合后形成的黑洞的质量约为 62 个太阳质量。

也许你已经发现上面的计算好像少了 3 个太阳质量。事实上，损失的质量都转变为引力波辐射的能量，根据爱因斯坦的质量－能量公式，就可以计算出损失的能量是太阳一生（约 100 亿年）所释放出的能量的几千倍。而这么多的能量却是在几秒钟的时间内释放出来的，可以想象其强度有多大。

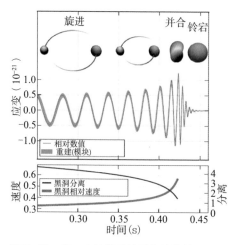

图 7-13　第一个被发现的引力波的信号。图的最上端给出两个黑洞互相盘旋、并合以及并合后的变形的三个过程——旋进、并合、铃宕，这三个过程都会发出强烈的引力波

中等质量黑洞和超大质量黑洞也会发出引力波，但因为其频率极低，当前的探测器无法发现它们，相关领域的科学家们正在设计制造那些适合探测低频率引力波的探测器，并有望在未来几十年内探测到那些极低频率的引力波。

首次被人类观测到的引力波来自两个黑洞的并合。并合之后，系统一共损失了 3 个太阳质量，这些质量转化为引力波：

　　根据爱因斯坦的质量 – 能量公式，计算辐射出的引力波的能量（太阳质量为 2×10^{30} 千克，光速为 3×10^{8} 米 / 秒）；

　　太阳每秒钟释放的能量是 3.86×10^{26} 焦耳，太阳需要多少年（一年约为 3×10^{7} 秒）才能释放出这次引力波释放出的能量？请精确到个位数。

第8章

系外行星

　　在人类认识到太阳只是宇宙中无数恒星中普普通通的一员的时候，两个自然的想法就出现了：宇宙中的其他恒星也有类似于地球的行星吗？如果有的话，这些行星上面会存在生命吗？那些环绕其他恒星运转的行星，就被称为"太阳系外行星"，简称"系外行星"。真的有系外行星吗？天文学家是如何寻找它们的？它们又有哪些种类呢？

系外行星探测简史

第一个从天文学角度提出可能有太阳系外行星的是著名天文学家布鲁诺。他认为天上的星星其实都是类似于太阳的天体，只是距离我们非常远，才比太阳暗得多。他认为宇宙是无限的，其中类似于我们太阳系一样的世界也是无限的，因此存在大量和我们的地球类似的行星。后来，牛顿在他的《自然哲学的数学原理》中也提出类似的观点。

1952 年，斯特鲁维提出，巨型气体行星可能会遮住一部分恒星的光并引起恒星的运动，导致恒星的亮度和颜色发生有规律的变化，因此可以通过观测恒星亮度与颜色的变化来寻找这些炎热的巨型气体行星。事实上，后来被发现的系外行星中的大部分，确实就是用这种方法发现的。

但是，因为当时的技术限制，人们无法获得发现系外行星的技术。人们难以发现系外行星，是由于以下两个原因：首先，恒星之间的距离实在太远了，离我们最近的恒星，与我们的距离也达到了 4.2 光年。至于其他恒星，自然就更远得多了。因为距离太远，即使恒星都有各自的行星，从地球上看过去，也非常小。其次，行星本身不发光，它只能反射恒星的光，而恒星自身的光又远远亮于行星的光，因此要看到行星的光，就像看着火堆旁的萤火虫那么困难。

1988 年，三个天文学家宣布他们发现了第一颗系外行星，它围绕恒星"造父 γ"运转，此后这个研究引起了争议，直到 2013 年才被确定是正确的。1992 年，人们首次确认了一颗系外行星，这颗行星围绕着一个编号为 PSR B1257+12 的脉冲星运转。

1995 年，米歇尔·麦耶和迪迪埃·奎洛兹首次确认了一颗围绕类似于太阳的正常恒星（主序星）的系外行星，这是一颗巨大的行星，围绕着名为飞马座 51 的恒星运转，每 4 天转一圈，它被命名为飞马座 51b。2019 年 10 月 8 日，米歇尔·麦耶和迪迪埃·奎洛兹因此获得了诺贝尔物理学奖。

截至 2020 年，人类共确认了 4000 多颗系外行星，它们处于 3000 多个类似于太阳系的系统内，其中有大约 700 颗恒星拥有的行星数量超过 1。此外，还有 3000 多个系外行星的候选者被发现，等待进一步的确认。

链接

"新证据"

最近有学者在 1917 年拍摄的一张白矮星的光谱图中，发现了异常的重元素"污染"现象，他们认为这是因为环绕白矮星的行星上面的物质导致的污染，据此认为这是第一批系外行星存在的证据。不过，因为至今未通过其他方法确认出对应的白矮星周围的行星，这个结论还没有足够的说服力。

如何探测系外行星

探测系外行星的方法有很多种，主要有视向速度法、凌星法、直接成像法、微引力透镜、脉冲星计时法、变星计时法、天体测量法、掩食双星最小计时法、偏振测定法等。1992年发现的第一颗系外行星就是用脉冲星计时法发现的，这颗行星围绕一个脉冲星运转。1995年发现的第一颗围绕类似于太阳的恒星运转的系外行星是用视向速度法发现的。

迄今为止人们发现的系外行星的绝大部分是用视向速度法、凌星法、直接成像法、微引力透镜这四种方法中的一个或者两个的组合来发现的。我们下面介绍这四种方法的基本原理。

1. 视向速度法。尽管我们常说"地球绕着太阳转动"，但实际上由于地球也有质量，它也会拽着太阳运动，使得二者围绕共同的中心运动。系外行星和它们对应的恒星也是如此，都在环绕共同的"中心"运动。这样的运动会导致恒星发出的光的颜色发生变化：当恒星的运动方向朝向地球时，它发出的光的波长变短，我们称之为"蓝移"；当恒星的运动方向远离地球时，它发出的光的波长变长，我们称之为"红移"。

如果地球上的我们观测到恒星发出的光的波长忽长忽短而且很有规律，就可以断定这颗恒星在绕着一个中心旋转，而这个中心只能是它与它所拥有的行星的共同中心，所以也就知道这颗恒星拥有行星了。这个方法被称为"视向速度法"（图8-1）。

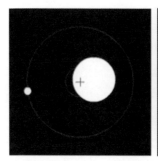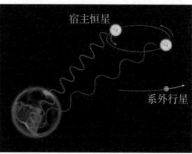

宿主恒星

系外行星

图 8-1 左图：一大一小两个天体，绕着二者共同的中心（红十字的交叉点）旋转，小的天体的轨道是大圆或者大椭圆，大的天体的轨道是小圆或者小椭圆；右图：如果我们关注大天体（恒星）发出的光，就会发现它的颜色出现周期性的变化，进而可以计算出它的摇摆速度

　　恒星运动的时候，其运动方向并不是始终和我们的视线重合，但是，即使它运动的方向与我们的视线不重合，它的速度也可以分解出成两部分，一部分就是与我们视线重合的速度。所以，只要得到视向速度，这个方法就可以成功。

　　视向速度法存在比较明显的"选择效应"，它容易发现那些质量比较大的行星或者恒星质量比较小的系统里的行星。这是因为，为了能够让行星显著地"拉动"恒星，从而判断出行星的存在性，要么要求恒星自身质量较小，要么要求行星质量比较大，甚至要求同时满足这两个条件。如果恒星质量太大或者行星质量太小，那恒星绕圈运动的速度将非常小，恒星发出的光的颜色变化也就非常不明显，就难以确定有行星伴随着这个恒星。此外，为了能够清晰地看到恒星光的颜色，要求恒星自身比较明亮。因此，视向速度法适用于去找那些"恒星比较明亮、行星质量比较大"的系统。

2.凌星法。凌星法的原理是:当一颗行星遮挡住恒星时,恒星的光被遮挡掉一小部分。天文学家在观测恒星时,如果发现这个恒星的亮度在某个时期稍微降低,然后恢复,并且不断重复上述过程,就可以判断出这个恒星被它的行星所遮挡,因此就可以断定这个恒星拥有行星。系外行星遮挡恒星时,恒星的光的减弱强度与行星遮挡住的面积有关。根据减弱程度,可以计算出系外行星的大小。

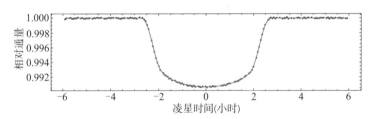

图 8-2 系外行星 HD 286123b 遮挡母恒星 HD 286123(凌星)导致其亮度变暗,以凌星进行到一半的时间作为时间零点(数据来源:Yu, Liang 等人,2018,AJ)

3.直接成像法。对于太阳和地球这样的系统,太阳发出的光远远超过地球反射的光,远远看去,就像燃烧的火堆旁边有一个萤火虫,人们很难看到那个"萤火虫"。这也正是人类长期以来无法直接观测到系外行星的原因:它们反射的光比起它们的母恒星发出的光,实在太暗了。

但过去这些年,天文学家研制出了特殊的仪器,这个特殊仪器可以遮掉来自恒星的光,从而看到行星反射的光,并确认出行星。而这个方法被称为直接成像法。2004 年,人类第一次使用直接成像法发现系外行星。至今为止,通过直接成像法被确认的行

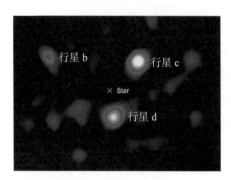

图 8-3 海尔（Hale）望远镜通过直接成像法观测到的围绕同一个恒星 HR 8799 运转的三个恒星的像。中间绿色叉表示恒星 HR 8799（图片来源：NASA/JPL）

星大约占被发现的系外行星总数的百分之一。

4. 微引力透镜法。光经过物体附近时，会因为受到引力而被弯曲。宇宙中一些巨大的星系产生的强烈时空扭曲，会让经过的光的路线弯曲，它们就被称为"引力透镜"。恒星系也会使光的路线产生轻微的弯曲，它们被称为"微引力透镜"。恒星系里的行星，也会导致背景恒星发出的光变亮，形成一个凸起。利用这个原理，也可以发现系外行星，这个方法被称为"微引力透镜法"。

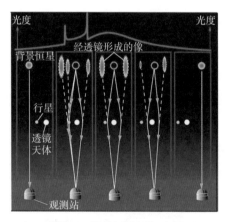

图 8-4 微引力透镜法示意图

链接

系外行星的猎手：开普勒空间望远镜

　　搜寻系外行星的望远镜有很多，其中最出色的是开普勒空间望远镜（为了纪念伟大的天文学家开普勒，以他的名字来命名）（图8-5）。它于2009年3月7日发射升空，并于同年12月开始执行任务。开普勒望远镜并不环绕地球，而是在地球附近环绕太阳，采用的是"地球拖尾"轨道。开普勒望远镜的设计寿命为3.5年，但直到2018年10月30日才退役，共运行了约10年。

　　开普勒望远镜总质量为1039千克，上面的望远镜口径为0.95米，为超低膨胀率玻璃制成，总质量仅为同等大小的一般固体玻璃的14%，因此有利于减轻发射时的负担。与上面的望远镜相配的照相机的像素为0.946亿。不过开普勒望远镜有一个缺点，它的视野比较小，而且采用的扫描方式只能让其扫描整个天空的0.25%。

　　截至2020年2月20日，被发现并被确认的系外行星

图8-5　开普勒望远镜的艺术想象图（图片来源：NASA/JPL–Caltech/Wendy Stenzel）

总数为 4126 颗，而开普勒望远镜共发现并确认了其中的 2744 颗，大约占总数的 67%。此外，开普勒望远镜还发现了 3311 颗待确认的系外行星候选体，它们中的大多数会在将来被确认为系外行星。在开普勒望远镜发现并确认的系外行星中，有超过 30 颗是位于宜居带的类地行星。

可以说，开普勒望远镜是过去几十年间系外行星猎手中的绝对王者。由于燃料彻底消耗完毕，开普勒望远镜于 2018 年 10 月 30 日结束了自己的使命。

系外行星都长什么样

根据半径大小，至今为止被发现的系外行星被分为以下几类：半径小于地球半径的 1.25 倍的"类地行星"、半径为地球半径 1.25 倍到 2 倍之间的"超级地球"、半径为地球半径 2 倍到 6 倍之间的"类海王星行星"、半径为地球半径 6 倍到 15 倍之间的"类木行星"与半径为地球半径 15 倍到 22 倍的"非常大行星"。超过 22 倍地球半径的则属于特别巨大的，它们可能不是行星，而是"失败"
的恒星——褐矮星。

在这一节，我们根据重要性以及被成批量发现的大致顺序，
将先后介绍类木行星、超级地球、类地行星、类海王星行星以及
熔岩行星。

在第一批被发现的系外行星中，类木行星占了大多数，我们
首先介绍类木行星。

类木行星的质量较大，达到我们太阳系里木星那么大甚至更
大，这就是它们被称为"类木行星"的主要原因。类木行星的质
量很大，如果母恒星是类似于太阳的恒星或者质量比太阳更小的
红矮星，它们就会将母恒星明显地"拽动"，产生较大的速度，因
此最容易用视向速度法来探测它们。而在开普勒望远镜升空之前，
视向速度法是探测系外行星的最有效的方法。所以早期被发现的
系外行星大多数是类木行星。

这些巨无霸中有一部分却与我们太阳系里的木星不相同。首
先，它们距离自己的"太阳"很近，有的围绕母恒星一圈只需要
几天的时间，它们的公转时间范围在 1.3 到 111 天之间。相比之下，
我们太阳系内的那个木星距离太阳很远，围绕太阳一圈需要大约
12 年。其次，由于它们离母恒星很近，导致它们的温度很高，比
我们太阳系里的木星的温度高得多，因此它们被形象地称为"热
木星"。至今为止被发现的热木星的质量在 0.36 到 11.8 个木星质
量之间。由于距离母恒星太近，它们通常被母恒星施加给它们的
潮汐力锁定，有一面始终朝着母恒星，永远为白天，另一面永远
背着母恒星，永远为黑夜。

一开始，人们以为大多数系外行星是热木星，不过随着观测技术的进步，尤其是开普勒望远镜的观测的展开，人们发现了很多不是热木星的系外行星，从而证实热木星只占系外行星的一小部分。必须提到的是，第一个被确认的系外行星就是热木星。

在发现热木星之前，天文学家的理论认为木星这么大的气体巨行星必须离母恒星很远。但热木星被发现后，这个想法被推翻了。此后，天文学家开始改进此前的行星形成理论，以解释热木星为什么可以形成。这个新的理论认为，热木星一开始距离母恒星也很远，因此也很冷，但随着时间的推移，它们的运行轨道不断缩小，向内迁移，最终在一个距离母恒星很近的地方稳定运转，成为热木星。

超级地球是另一类系外行星，它们的质量比地球大，但小于15倍地球质量（图8-6）。由于质量比地球大，它们的性质也与地球有较大差异。根据它们的密度大小，它们可以被分为3大类：第一类是低密度的，它们以氢与氦为主，是气体星球，也被称为"迷你海王星"；第二类是中等密度的，它们可能是以水为主的海洋星球，也可能中心是一个相对致密的核心，外层包裹着气体；第三类为密度最高的，它们是类似于地球的岩石类星球，表面可能没有

图 8-6　超级地球示意图

超级地球

水，也可能和地球一样覆盖着一些水。

第一个被确认的超级地球绕着一个脉冲星旋转，质量大约是地球的 4 倍。围绕着正常恒星（主序星）运转的超级地球于 2005 年被首次发现，它的质量是地球的 7.5 倍。它离母恒星太近，只需要 2 天就可以绕一圈，上面的温度达到了 160 摄氏度到 380 摄氏度，因此不适合生命存在。2007 年，天文学家宣布首次发现两颗位于适宜生命存在的范围内的超级地球，其中一颗的质量是地球的 5 倍，温度可能在零下 3 摄氏度到 40 摄氏度之间。不过有研究认为这个星球上有严重的温室效应。2006 年以后，不断有超级地球被发现。2011 年 12 月，开普勒望远镜公布的数据中，给出了 680 个可能为超级地球的系外行星（图 8-7）。

在所有系外行星中，人们最感兴趣的肯定还是与地球类似的行星，即类地行星。类地行星比超级地球小，与地球差不多大。严格说，半径小于 1.25 个地球半径的才有可能被称为类地行星，大于这个数值的，就是超级地球。类地行星中心为液态金属，以铁为主，核心外面是硅酸盐为主的星幔，外层为固体表面，上面有山丘沟壑。那些温度适宜的类地行星，甚至可能存在液态水。

2010 年 8 月，天文学家发

图 8-7　开普勒 - 22b 艺术图（位于类太阳恒星开普勒 22 宜居带内的太阳系外行星）

现了一个系统：HD10180，这个系统的恒星类似于太阳，最多拥有7个行星。其中一个行星的质量可能是地球的 1.35 倍。虽然这个行星还没有被完全确认，但真实存在的可能性达到了 98.6%。

2011 年 2 月，开普勒望远镜小组公布了 1235 个系外行星的列表，其中有 68 个超级地球候选体。

在人们发现的系外行星中，有一些行星的质量和半径都介于我们太阳系内的木星和地球之间，与海王星差不多，它们被称为类海王星行星。

类海王星行星大多围绕红矮星运转。它们本来有比较厚的气体大气层，距离母恒星比较远。但随着它们向母恒星靠近，即向内迁移，温度就会越来越高，导致一些大气被蒸发到太空，留下的核心类似于地球和超级地球。这样的行星也可能孕育出生命。

我们知道，太阳系内的水星和金星属于岩石行星，它们都距离太阳很近，温度很高。在人们发现的系外行星中，也发现了一些类似的行星，它们因为距离母恒星太近而太炎热，被形象地称为"熔岩行星"。熔岩行星因为温度太高，不适宜常规的生命存在，但依然有很高的研究价值。

在我们的太阳系里，熔岩行星（水星、金星）与气体巨行星（木星、土星、天王星、海王星）分别在距离太阳很近与很远的地方。但在太阳系外的其他恒星系统里，熔岩行星与一部分气体巨行星可以都距离母恒星很近，后者就是上面说到的热木星。

系外行星的宜居带与外星生命

　　恒星系统里适宜生命产生与进化的区域被称为"宜居带"。宜居带首先要满足的条件是它们与母恒星的距离合适，温度适宜，且能够使位于其中的行星产生液态水。

　　以太阳系为例，水星和金星因为距离太阳太近，所以太炎热，不适宜生命；火星以及比火星更远的所有行星距离太阳太远，所以太冷，也不适宜生命。只有我们的地球，恰好距离太阳不远不近，平均温度不高不低，可以形成液态水，才孕育出了生命。

　　对于那些比太阳热一些的恒星，宜居带离恒星更远一些。反之，对于那些比太阳冷的恒星，宜居带离恒星更近一些。红矮星比太阳冷，所以它们的宜居带与它们的距离都小于地球与太阳之间的距离。

　　宜居带只能确保恒星的温度适宜并能够形成液态水。要想适宜生命存在和演化，还要看宜居带内的行星的大气成分，甚至要求它们存在磁场，因为磁场有助于保留住大气。未来的系外行星探测器可能会发现比较多足够近的系外行星，更大的望远镜将有能力直接研究这些系外行星的大气与磁场性质，从而判断其是否真的适合生命的产生与进化。

　　如果一个系外行星处于宜居带中且其水、大气和磁场都满足生命产生与演化的基本条件，我们就可以期望那上面会产生生命。如果这些生命可以持续进化，我们就可以期望那上面会有高级生物甚至智慧生命。

著名科学家与科普作家卡尔·萨根说过："如果宇宙只为我们而存在，那将是空间的巨大浪费。"不过，在别人提到地外智慧生命的存在性的时候，著名的物理学家费米曾经问过一个很有名的问题："他们都在哪儿呢？"这就是著名的费米悖论：如果存在外星人，他们在哪儿？我们为什么没有看到？

费米去世后，德雷克提出一个公式来估计银河系内存在地外生命的星球的个数。这个公式被称为德雷克公式或者德雷克方程。这个公式首先要有银河系内恒星的数目（N_g），然后乘以一个恒星具有行星的比例（f_p），再乘以那些具有行星的系统拥有的类地行星数目（n_e），再乘以这些行星可以进化出生命的比例（f_l），再乘以进化出智慧生命的比例（f_i），这就是银河系内可能存在的"外星人"的星球的个数（N）。我们还希望那些可能存在的外星生命能够与我们建立通讯联系，所以要把上面的结果再乘以"能够进行通讯"的比例（f_c），并乘以文明存在的时间与行星的生命的比值（L）。

$$N = N_g \times f_p \times n_e \times f_l \times f_i \times f_c \times L$$

根据德雷克公式，我们可以先算出可能存在地外生命的星球个数。据统计，如果只考虑太阳类似的恒星，每5个这样的系统就会有一个类地行星位于宜居带中，那么银河系内将有110亿个位于宜居带中的类地系外行星。如果将红矮星也考虑进去，那么位于宜居带的系外行星数目将增加到400亿。但是，我们为什么至今没有见到外星人，也没有收到外星人发出的信息？

其实，我们知道，即使坐着速度达到每秒几十千米的火箭到离我们最近的恒星，也需要几万年才能到达，远超过人类的寿命，还没走多远就死在飞船里了。所以指望外星人以火箭旅行方式来拜访我们，是不现实的。我们能够期望的是那些可能存在的外星人可以和我们建立通讯，但能够完成这种通讯的外星文明与所有外星文明的比例（德雷克公式中的 f_c）却是非常低的：以我们地球的接受能力作为标准，这个比例至今还是零，所以至今未接收到可能存在的外星人可能发出的信息。

虽然人类尚未接收到外星球来的"人造"信息，但却努力往外星球发送信息。1977 年人类发射的"旅行者 1 号"飞船上就携带着一个金属唱片（图 8-8），记录着一些图案和地球上的各种声音。人们希望这个飞行器在茫茫宇宙中飞行时会被外星人所截获，从而知道我们的存在。现在，"旅行者 1 号"已经飞出太阳系，向着浩瀚的宇宙前进。人类联系外星人的另一方式是发射无线电

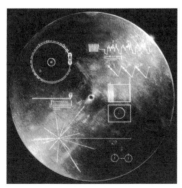

图 8-8　1977 年跟随旅行者 1 号升空的"金唱片"的正反两面。其中一面记载了人类文明的代表符号，另一面刻录了地球上的一些声音（图片来源：NASA）

波，希望外星人收到无线电波信号之后用无线电波信号回复我们。1974年，美国天文学家用阿雷西博望远镜向武仙座的一个球状星团发射了无线电波信号。

接收外星人信息的努力也还在持续，我们期望提高我们接收信息的能力，来寻找可能发送过来的"人造"信息。近年来，人们启动了一个名为"搜寻地外文明计划"（SETI）的项目，这个项目的基本思路也是通过接收外星人发出的信号来确定他们的存在。因为任何人造信号在传播到足够远时都会变得非常微弱，所以我们需要足够的耐心来等待。

尽管人类未发现外星人，也没有收到外星人发出的信号，但依然找到了一些可能适宜生命存在的行星。这些行星满足几个基本条件：处于母恒星的宜居带中；母恒星是类似于太阳的黄矮星或者类似于比邻星的红矮星；母恒星的辐射不会对其生态产生致命的杀伤；大气成分适宜生命存在；一般是岩石类的类地行星或者超级地球。我们介绍几个比较有希望孕育生命的系外行星。

在所有太阳系外的恒星之中，距离地球最近的那颗被称为"比邻星"，它与地球的距离大约为4.24光年。比邻星是一个红矮星，亮度为太阳的0.0015。由于亮度低，比邻星的寿命可以达到4万亿年，是太阳寿命的400倍。在比邻星被发现后，很多科幻小说假设它和太阳一样，也有行星围绕着它运转，而且行星上面有生命。甚至有人将其作为人类将来移民的星球。2016年，科学家发现比邻星有时候以每秒1.4米的速度靠近地球，有时候以同样的速度远离地球。他们的仔细分析表明，这是一个质量至少是地球

1.3 倍的行星的引力导致的。这颗行星被命名为"比邻星 b",它与比邻星的距离为 700 万千米,仅仅是太阳与地球距离的 5%,比水星和太阳的距离更小。它位于比邻星的宜居带,可能存在液态水,因此有可能孕育出生命。不过,由于比邻星会时常发生强烈的紫外线和 X 射线耀发,行星上面有利于生命形成与演化的条件可能会被破坏。将来,天文学家们将使用当前的一些大望远镜以及下一代巨型望远镜来进一步研究比邻星 b,以确定上面是否真的可以诞生生命。

至今为止,开普勒望远镜共发现了大约 30 个处于宜居带的类地行星。图 8-9 为开普勒发现的一部分位于与恒星的距离合适、适合生命产生的类地行星与超级地球。这些类地行星中,有几个是值得特别注意的,尤其是 Kepler-438b 与 Kepler-186f。Kepler-438b 距离地球大约 470 光年,半径是地球质量的 1.12 倍,表面平均温度为 3 摄氏度,与地球表面的平均温度很接近。不过,由于它与母恒星距离只有太阳 – 地球距离的 0.1,母恒星的强烈辐射会

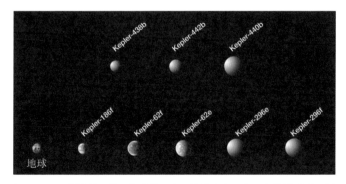

图 8-9　开普勒发现的一部分位于宜居带的行星,左下角为地球(图片来源:NASA Ames/W Stenzel)

对其宜居性产生负面影响。Kepler-186f 距离地球 561 光年，半径是地球半径的 1.17 倍，质量是地球的 1.4 倍，与母恒星的距离是太阳 - 地球距离的 0.4，每 130 天绕母恒星一周，温度可以达到零摄氏度以上，因此可能存在液态水。

2016 年，有个研究组宣布：他们发现一个距离地球约 39.6 光年的恒星拥有 3 个地球大小的行星，这个恒星被命名为 TRAPPIST-1，而那 3 个行星则被分别命名为 TRAPPIST-1b、TRAPPIST-1c 与 TRAPPIST-1d。2017 年，同一小组宣布，他们发现了另外 4 个地球大小的行星，它们的编号分别为 e, f, g 与 h。他们还确认了这 7 颗行星中有 3 颗行星位于宜居带。这个发现引发了全球范围的巨大兴趣。TRAPPIST-1 是一个质量只有太阳 1/12 的超冷红矮星，也是至今为止被发现的唯一一个有行星的超冷红矮星。它的体积仅比木星稍大一些，但质量还是比木星大得多。由于亮度比太阳低得多，那些位于宜居带的三个行星与母恒星的距离比太阳与地球之间的距离小得多。

未来的研究：TESS 与其他望远镜

为了探测更多系外行星并深入研究其中一部分比较近的系外行星的细节特征，一些重要的系外行星探测器已经开始运行或者正在制造之中。其中，2018 年 4 月发射升空的"凌星系外行星巡天卫星（Transiting Exoplanet Survey Satellite，TESS）"（图 8-10）是最引人注目的。除了 TESS 之外，还有其他一些类似的项目即将启动。这一节我们介绍这些新秀。

图 8-10　在地面接受检查时的 TESS（图片来源：NASA）

在开普勒望远镜即将结束使用时，TESS 升空。卫星自身的研制仅耗资 2 亿美元。根据其名称，我们知道它采用"凌星法"观测系外行星。

TESS 上面有 4 台望远镜使用的相机都是广角相机，总的视野是开普勒望远镜的 20 倍，可以在两年时间里扫描完 85% 的天区，是开普勒望远镜扫描总面积的 340 倍。在具体操作上，TESS 小组将全天分为 26 个天区，每绕地球两圈（约 27 天）扫描一个天区，两年时间内扫描完 26 个天区。

TESS 上面的望远镜的口径只有 10 厘米，因此可探测距离比开普勒望远镜小得多，只有大约 300 光年，是开普勒望远镜探寻距离的十分之一。如果其总扫描天区和开普勒望远镜一样大，那么观测的恒星的数目将只有开普勒望远镜的千分之一。但因为它扫描的天区大约是开普勒望远镜的 340 倍，所以能够观测的恒星数目将是开普勒望远镜的大约 0.34。

在两年的任务周期里，TESS 可以发现大约 20 万颗以上围绕明亮恒星运转的系外行星（注意，有些资料将这个数字误写为 2 万，根据 TESS 官方网站，这个数字是 20 万）。特别是，TESS 可能会发现几百个类地行星和超级地球这样的岩石类行星，并针对那些位于恒星宜居带内的岩石行星进行观测。

TESS 的研究可以筛选出最有后续研究价值的目标，然后地面上的大型望远镜和将来升空的韦伯空间望远镜（图 8-11）就可以对这些目标进行详细的后续观测，分析其大气成分，进一步判断其是否适合生命的形成与演化。

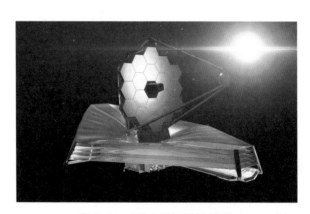

图 8-11　韦伯空间望远镜示意图

2018 年 7 月 25 日，TESS 开始正式执行观测任务，截至 2020 年 2 月 20 日，TESS 共发现数十颗系外行星与上千颗系外行星候选体。

除了 TESS 之外，欧洲航天局于 2019 年 12 月发射的"系外行星特性探测卫星（CHEOPS)"（图 8-12）也登上了系外行星探测这个大舞台，它主要观测类地行星、超级地球与类海王星行星。

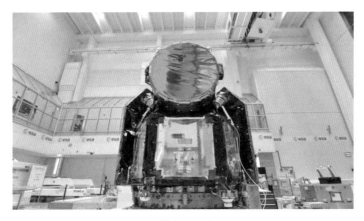

图 8-12　系外行星卫星 CHEOPS

预计于 2020 年以后发射的系外行星探测器主要有"行星凌星与恒星震荡（PLATO）"和"大气遥感红外系外行星大巡天（ARIEL）"。前者研究类地行星和超级地球，后者研究系外行星的大气。

预计将在 2020 年以后发射的韦伯太空望远镜虽然不是专门用来研究系外行星的望远镜，但它的任务中也包含了对系外行星的后续研究。在其他探测器发现系外行星后，韦伯望远镜就可以追踪其中有价值的目标，对它们的大气层进行研究。

2025 年左右可能发射的"宽场红外太空望远镜（WFIRST）"，是一个既可以研究宇宙学也可以研究系外行星的太空望远镜。2035 年左右可能发射的"大型紫外光学红外望远镜（LUVOIR）"虽然不是专门用来观测系外行星，但也可以用来观测系外行星。与其在经费上存在竞争关系的"宜居系外行星成像任务（HabEx）"也计划在 2035 年左右发射升空，这是专门用来研究系外行星的，它采用直接成像法来观测系外行星，因为它处于太空中，所以探测精度自然比地面上的望远镜更高。2035 年之后，人类可能发射多个系外行星探测器到太空，构成一个干涉阵列，探测更多的系外行星并确定它们是否存在生命。

系外行星科学从不存在到产生，再到迅猛壮大，成为天文学的主流方向之一，只用了 20 多年的时间。这 20 多年时间里，人们发现了几千颗系外行星，外加几千颗等待认证的系外行星候选体。这是天文学的一个巨大飞跃。

当我们地球上的人类开始发展出现代科学并用其研究我们的太阳系时，太阳系已经存在了 46 亿年，然而我们研究的只能是这个时候的太阳系，最多再利用一些间接的手段推测过去的太阳系。

但是，当我们将目光投向太阳系外时，我们看到的那些类似太阳系的系统却是有老有少的：它们有的正在形成，有的才形成几百万年，有的几亿年，有的几十亿年。这为我们理解恒星－行星系统的产生与演化提供了绝好的素材。

对地球之外的文明的好奇，长期萦绕在人们心头。而对系外行星尤其是那些处于宜居带的类地行星的探测，使人们能够在这一方面的研究进程中迈出最坚实的一步。将来运行的新一代系外行星探测器如果可以发现足够多的近距离类地行星，我们将有机会用地面上和未来几十年内发射到太空里的大型望远镜，直接观测它们的大气，进一步判断它们是否适宜生命的产生与演化。

人类对宇宙的好奇心不会终止，人类的科技与文明的进步也不会终止。我们可以预期，在不远的将来，人类就可以在系外行星的研究中获得更多惊人的突破。

第9章

银河系

　　如果你生长在繁华都市，那么很遗憾，你在夜空中大概看到很少的几颗星星。但是，在那些少有灯光污染的夜色下，当星空暗到可以看到五等星时，抬望眼，满天繁星之中，你会发现一条近似锥形的弥散亮带，藏着一些若隐若现的结构，划过夜空，延伸到地平线之下，好像乳汁从天上洒下来，那就是银河。

　　我们的太阳和其他上千亿颗恒星处于银河系中，排列成旋涡式臂状结构，绕着银心运转，这样的具有旋涡状结构的星系被称为"旋涡星系"。银河系就是一个典型的旋涡星系。它的直径约为10万光年，总质量约等于一万亿个太阳质量之和。

图 9-1　盖亚卫星拍摄的全天银河图像，银盘上有大量的尘埃掩盖着背景恒星，右下方两个星系是大小麦哲伦星系

人类对银河系的认知历史

如果我们能够跳出地球，从太空中看银河，会发现银河是一个美丽的圆盘。而在地面上，我们只能看到银河的一部分，这部分一般被称为"银河拱桥"。尽管人类早就开始仰望星空并注意到银河，但对于银河的形状、大小等性质的探索却直到一百年前才有了大致正确的结果。

古希腊人编过一则神话：赫拉克勒斯是天神宙斯的私生子，婴儿时期曾吸吮过天神之妻赫拉的奶水，然而赫拉后来推走了赫拉克勒斯，乳汁便洒入天国，形成了这条亮带。所以它的英文名字"Milky Way""Galaxy"均具有"乳"的词根。

中国神话中，有牛郎织女的故事。王母娘娘拆散牛郎织女之后，在天上划了一条河，把两人隔开，只允许他们每年相聚一次。

在南半球，亚马孙雨林中的印第安人则根据其或明或暗的结构认为这是纠缠在一起的两条蛇，一条是雄性彩虹蚺，另一条是雌性水蟒。

天文望远镜的诞生让人们有机会进行实质性的探索，逐步看清银河的真实面目。伽利略发明了天文望远镜之后，将其对准了木星、月球、金星以及银河。在他的望远镜里，那条看似一条带子的白色银河里，有着数不清的星星。

图 9-2　银河拱桥与黄道光（中心的亮点区域），需要极好的无光害条件才能用相机拍摄出来

　　伽利略的这个发现意味着什么呢？在他所处的时代，还没有明确的"恒星"的定义。直到一百年后，天文学家赖特才给出了一个比较合理的解释。在赖特的时代，科学界已经普遍认为恒星不同于行星或月球，而是像太阳一样，属于能够自行发光的天体。它们亮度迥异，这很可能是因为距离远近不同引起的。赖特猜测，银河之所以在天空中能表现为一条亮带，是由于大量恒星都在同一个平面附近以同样的方式运动，就像太阳系内的各行星绕太阳转动一样。太阳也是这群恒星中的一员，它们分布在一个平面上，而非球体上。虽然赖特的猜想并不完全正确，但在对银河系的认识上已经迈进了一大步。

　　从观测上进一步探索银河系结构的人是赫歇尔兄妹（威廉·赫歇尔，卡罗琳·赫歇尔）。他们在 18 世纪 70 年代进行了一次巡天观测，统计了各个方向上的恒星数量的密度，即单位面积上的恒星数量。

他们假设所有恒星自身的真实亮度相同且分布均匀，不存在削弱星光的尘埃物质，那么恒星密度越大说明延展距离越远。尽管这些假设在今天看来都不严格，但他们还是在二百多年前成功绘出了扁平的银河系结构图（图9-3）。

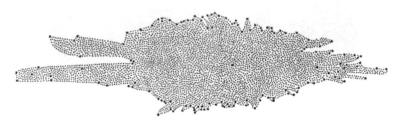

图9-3 赫歇尔兄妹绘制的银河形状

与赫歇尔兄妹同时代的梅西耶则从另一个角度研究了银河系。梅西耶对彗星非常感兴趣。彗星是太阳系内的天体，在观测中显示为移动的弥散光斑。但梅西耶在观测过程中，经常把一些弥散的"星云"当作彗星，而事后又发现这些天体在天空中的位置不变，因而不是彗星。所以梅西耶将已知的星云标记出来，制成一个星表。这个星表就是著名的梅西耶星表，里面含有110个天体，按照M1到M110排序。

后来，哈金斯利用当时已经发展起来的光谱技术，比较了恒星和某些星云的光谱，才发现一些星云的光谱是炽热气体的光谱，与恒星并不一样。所谓的光谱，就是光在每种颜色上的分布，天文学家用棱镜之类的仪器将光分解成各种颜色，就得到了光谱。

现在我们知道，梅西耶星表里登记的这些弥散天体其实包括很多不同种类的天体系统。除了其中有39个是银河系之外的星系，其他的都是银河系内的天体系统，如星团、气体为主的恒星形成区、行星状星云与超新星遗迹。

梅西耶星表与梅西耶马拉松

对于天文爱好者而言，梅西耶星表（图9-4）是最为熟悉的深空天体星表。他是法国天文学家梅西耶所编的

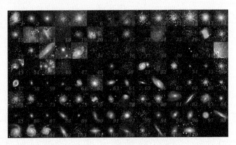

图9-4　梅西耶星表天体

《星云星团表》的通称，里面包含110个成员。这110个成员中，有108个是确定的天体系统，具体分类与个数如下：星系39个、星团55个、星云11个、超新星遗迹1个、双星系1个、四星系1个。剩下的2个中，M102可能是M101的重复观测，但也可能是另外一个星系，目前还不是非常确定；M24是银河系内的一个空洞，不算天体系统。很多天文学家会在适当的日期、适当的地点进行富于挑战性的观测行动：在三月末四月初的一个无月夜观测到所有梅西耶天体。这个行动被称为"梅西耶马拉松"，我国云南丽江的高美古天文台是可以进行这类活动的地点之一。

　　接下来的又一次突破性进展出现在一百多年后，主角是美国天文学家勒维特与沙普利。勒维特通过长时间观测小麦哲伦星云内的几千颗造父变星，发现造父变星亮度的变化周期与它们的真实亮度成正比。不管是距离已知还是距离未知的造父变星，它们亮度的变化周期都非常容易确定。如果知道周期比值，就可以计算出真实亮度比值，进而可以得到距离比值。所以我们只需要测定离我们最近的一些造父变星的距离，就可以直接根据这个重要的关系，计算出未知距离的造父变星的距离（见第6章）。于是造父变星成了强有力的"量天尺"。

　　沙普利正是利用造父变星这个强有力的"量天尺"，得到了突破性的进展。从1914到1920年，他在威尔逊天文台研究球状星团，分辨出了银河系内几个球状星团中的造父变星，定出了它们的距离。另外一些没有找到造父变星的球状星团，沙普利假设其中最亮恒星的真实亮度差不多（这个假设有理有据，十分合理），也由此推断出它们的距离。于是，球状星团在天空中的三维分布就被沙普利画出来了。

　　沙普利的工作具有划时代的意义，因为从他通过球状星团的空间分布推断出的银河系结构来看，银河系的中心并不是我们的太阳。因此，不管银河系是不是整个宇宙，太阳都不在银河系中心，也自然不在宇宙中心！另外沙普利的这个工作也被公认为是描绘银河系结构尺度的奠基性工作。

　　然而，沙普利的工作也有一定的局限：他绘制的这幅图把银河系的尺度扩大了大约3倍。当时，人们还没有意识到银河系内有大量尘埃，而尘埃会严重削弱远处天体透过它的光。也就是说，一颗恒星，只要我们透过尘埃去看它，就会觉得它很暗；如果我们不知道这是尘埃的作用，就会误以为它在更远的地方。

银河系的结构

基于大量的观测数据，现在我们认识到，银河系由内向外主要有以下几种成分：银心的超大质量黑洞、核球、旋棒、银盘（可分为厚盘和薄盘，其上有旋臂）、银晕。接下来我们从内到外一一介绍。

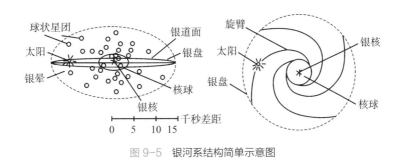

图 9-5　银河系结构简单示意图

我们先从银心讲起。银河系的中心，并不简简单单是空间上的一个点，它蕴藏着无限惊奇。1931 年，卡尔·央斯基尝试研究无线信号的干扰时，意外地收到了来自于天上的信号，其中心区域位于人马座方向。这是后来射电天文学的开端。到了 20 世纪 70 年代，通过精细的观测，天文学家发现这个射电信号来自一个致密的点源，尺度和日地距离差不多。后来给它起名为"人马座 A*"。这个射电源到底是什么，怎么形成的，现在仍不清楚。但可以肯定，它距离银河系真正的中心非常近，我们常用它的空间坐标来表示银心的位置。

我们一直猜想银河系中心存在一颗超大质量黑洞。2018 年，这个猜想得到了确凿的证实。天文学家观测了人马座 A* 附近热气体与磁场作用产生的耀变，发现这些气体的速度可达光速的 30%。结合对银心的其他观测结果，可以推断这些气体必然在环绕超大质量黑洞运行。

在人马座 A* 旁边，有几颗年轻恒星。天文学家对它们十分感兴趣。如果能精确定位它们的运行轨道，我们不但可以推算出银心黑洞的质量，还可以检验广义相对论效应。然而，观测这几颗恒星谈何容易——它们躲在银心方向的千万颗恒星和气体尘埃之后，我们必须在红外波段对其观测，而这个波段的天光背景噪声巨大；此外地球大气的抖动令我们很难对它们精确定位。直到 20 世纪 90 年代，天文学家终于在夏威夷山上建成了 10 米量级的凯克望远镜，还掌握了红外波段能够修正大气抖动的自适应光学技术，这样天文学家们才开始尝试这项工作。技术之外，每一项里程碑式的工作都离不开科研工作者们的精细与耐心。美国和德国的两个小组分别开展了这项工作，一测就是十余年。

从 1995 年到 2008 年，天文学家追踪了大约 20 颗恒星的具体运动（图 9-6），推算出这些恒星环绕的那个"看不见的点"大约有 430 万个太阳质量，并成功检验了广义相对论。当恒星离这个点最近时，速度可达每秒 2 万千米。目前的射电观测已经把中心这个看不见的点的尺度限制在水星公转轨道范围内。想象一下，如何把 400 万个太阳塞到水星的公转轨道内部，而这个点对应的区域又几乎不发出可见光！这个区域里面

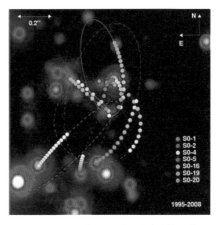

图 9-6　1995 到 2008 年观测到的围绕黑洞旋转的恒星位置与拟合的轨迹，每个点代表每一年的位置，银河系中央黑洞位于这些轨迹椭圆的一个焦点上

的天体绝不是恒星，一个超大质量黑洞才是最合理的解释。

进一步的观测确认了这个黑洞所在的区域是个明亮的射电、X 射线与伽马射线源。这表明，银心黑洞附近存在着大量冷气体和热气体。但是银河系中心并不是一个剧烈吞噬气体的活动星系核（见第 8 章），因此也缺乏猛烈释放光学波段辐射的能力。有关银心的研究还在进一步进行中。

在银河系中央黑洞的外围是一个直径约 1 万光年的核球，但是，这个核球在可见光部分非常难观测到，这是因为银河系内存在大量的尘埃，它们遮住了背后的星光，天文学家不得不在部分小"窗口"内窥视银心的模样。

为了避免银河系尘埃的干扰，天文学家在近红外波段向银心方向观测。这些较长的光波可以很好地避开尘埃，带给我们背后

链接

巴德窗（Baade's Window）

在银心方向，银河系的尘埃遮住了大部分的光线，只有一些非常狭窄的"窗口"中的尘埃相对较少。巴德窗就是其中之一。这个窗口是天文学家巴德最先标注的，从这里我们可以看到银心方向数量繁多的年老恒星和明亮的星团（NGC 6522）。

图 9-7　左图：巴德窗在银河系中心附近的位置（蓝色方框），银河系中心（Galactic center），处于蓝色十字位置；右图：巴德窗放大后的图像，每个亮点都是一颗恒星。图中心白点是星团 NGC 6522

恒星的信息。在图 9-8 中，我们可以很清楚地看到银河系中心的核球结构。过去，人们一直以为核球是一个球体。但你仔细看，有没有发现它其实是"X形"的？有时候我们也叫它"花生形"。这里聚集着大量无规则运动的年老恒星。

图9-8　近红外波段的银河系图像，红色圆圈为银河系核球

　　近些年来，天文学家发现，除了核球，银河系中心还应该有一个非轴对称的棒状结构，对我们星系盘的演化起到至关重要的作用。但我们目前对这个棒的性质知之甚少，很多结论尚不统一。

　　下面我们来介绍银河系最具代表性的结构：旋臂。宇宙中有形形色色的星系，其中一类非常重要的被称为旋涡星系。银河系就是典型的旋涡星系。尽管旋涡星系之间千差万别，但基本结构大同小异。一些类似银河系的星系如图9-9所示。

　　旋涡星系中一条条手臂状的结构被形象地称为"旋臂"。然而，确定这些旋臂的具体位置和形状，是非常困难的。"不识庐山真面目，只缘身在此山中"。苏轼的这两句诗用来形容我们对银河系的认知再恰当不过了。对于部分面向我们的旋涡星系，我们能一眼看清它们的形状和亮度，但是我们身处银河之中，要想绘制整个银河的结构并不容易。

　　一般而言，我们认识银河系的最佳方法是测定每颗恒星相对

图 9-9　一些类似银河系结构的河外星系

我们的位置。然而，使用最直接的"三角视差法"，最远只能测到几千光年的距离。因此早期的天文学家们很难确定整个银河系的具体结构。直到最近几十年，得益于喜帕恰斯天文卫星（也有的翻译为依巴谷卫星）和盖亚卫星的观测，我们对银河系结构的细节才有了更多认知。此外，天文学家还通过对其他星系的观测认识到，星系中的恒星、气体和尘埃都集中在星系的旋臂上，这些结果对于我们了解银河系也有借鉴作用。

旋臂在几乎所有波段上都非常明亮。不仅光学观测是研究银河系结构的重要手段，其他波段也经常被用来研究银河系的结构，比如，射电望远镜和 X 射线望远镜都可以被用来探测银河系旋臂中的气体云。

在射电望远镜被用于天文观测之后，天文学家发现，银河系中含有数量极为巨大的氢原子。这些氢原子的电子自转方向改变时，会吸收或者发射 21 厘米的电磁波。一般情况下，我们认为银河系的氢原子和恒星一起，围绕着银河系旋转。在我们看向银河系不同的视线处，我们的速度和不同半径处的速度存在速度差。这种速度差会导致此处的 21 厘米的电磁波相对我们的速度发生偏移（图 9-10 右图），通过偏移值，我们可以反过来推导出银河系

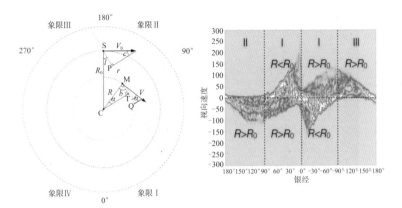

图 9-10 左图：太阳所处位置（S，此处的直径为 R_0）的速度 v_0 和处于其他位置的气体云（M）的速度 v 方向不同，因此有着视线方向的速度差，图中的 Quadrant I,II,III,IV 是相对于银河系中心划分的四个象限；右图：四个象限中的的分子云相对我们的运动速度图示，横坐标为银经，纵坐标为相对于我们的视线方向速度，负值为远离我们，正值为接近我们

中心的氢的分布，从而了解银河系的旋臂结构。

　　另一种得到旋臂结构的方法是测量星系内的电离氢区域。星系的旋臂包含有大量的原子氢和氢分子云，形成电离氢区域，它们往往是恒星形成的场所。年轻的恒星诞生后发出剧烈的辐射，直接电离了附近的氢，形成电离氢，电离氢也会释放出强烈的电磁波信号。年轻的恒星由于刚刚诞生，还来不及离开旋臂，它们的辐射照亮了周围的氢原子，并发出特定的射电谱线。因此它们可以被用来示踪、测绘旋臂的结构（图 9-11）。

　　结合以上两种方法，我们可以大体上绘制出银河系的主要旋臂。一般而言，我们认为银河系存在 4 个主要旋臂，太阳处于旋臂的一条支臂上（图 9-12）。我们目前对银河系旋臂的认识还处于积累资料的阶段，更进一步的认识需要今后更高精度的观测。

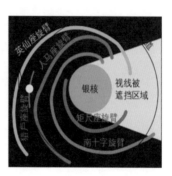

图 9-11　左图：中性氢（灰白色）相对我们的位置和电离氢（红色）相对我们（中下区域白色加号）的位置，黄线为拟合出来的旋臂结构；右图：一般认同的银河系旋臂结构，黄点是太阳位置

长期以来，天文学家对银河系以及其他旋涡星系的旋臂非常感兴趣。但旋臂形成的物理机制一度是困扰天文学家的巨大难题。

图 9-12　被最广泛认同的银河系结构图，太阳处于猎户座支臂（Orion Spur）。其他重要的四个旋臂分别为英仙座旋臂（Near 3kpc-Perseus Arm），盾牌座 - 半人马座旋臂（Scutum–Centaurus Arm），矩尺座旋臂（Norma–Outer Arm），和人马座旋臂（Sagittarius Arm）

早期的天文学家认为旋臂的形成如同牛奶倒入咖啡后再被搅拌，由于不同半径处的速度不同而呈旋涡状分布。经过很长一段时间，一直没有人对这种简单的旋臂形成机制产生质疑。

但问题终于还是被发现了。就拿太阳的位置来说，前面我们已经估算过，太阳环绕银河系一周需要大约 2.5 亿年。而太阳的年龄呢？已经约 50 亿年了。那么太阳少说也该转了 25 圈才对。天文学家已经发现，大部分星系旋转的线速度不随半径的变化而变化。所以星系旋转的特征应该是：外部相对银心的角度变化得很慢，而内部相对银心的角度变化得很快。如果这样，星系很快就会像扭麻花一样缠卷起来，而不会形成旋臂结构（图 9-13）。

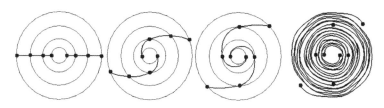

图 9-13　根据自转规律用计算机模拟的银河系旋臂结构。从左到右依次为刚开始时、5000 万年后、1 亿年后、5 亿年后的状态

　　为了解决这个问题，天文学家提出了各种各样的理论，其中密度波理论得到了最多认可。这个理论由华裔科学家林家翘和其学生徐遐生提出，被视为天体物理中里程碑式的理论。

　　他们认为，密度波是银盘上物质被扰动而产生的波，它可以被看作物质分布的可能性。旋臂是银盘上物质分布可能性最大的位置，代表着密度波的最大值。由于恒星不断产生、死亡，不同时刻在同一条旋臂上的并不是同一批恒星和气体。密度波本身也在环绕银心运动，但速度比银盘上的物质（恒星及气体）慢许多。在旋臂后方，恒星不断进入旋臂，由于恒星密集，引力加强，使密度波减速。在旋臂前方，旋臂中的恒星速度加快，离开旋臂；由于恒星稀疏，引力减弱，使密度波加速。因此旋涡星系能够在整体上维持旋臂结构，并且旋臂与星系的自转方向同向。

　　密度波理论成功地解释了旋臂结构的成因。这可以和实际生活中的堵车类比。堵车时，前段的车辆加速离开，而后面的车辆并不能直接穿过，也必须减速并停下来。堵车现象总是存在，但是被堵的车辆却在不停变化（图9-14）。

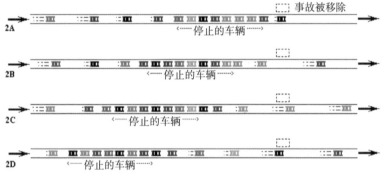

图9-14　密度波理论可以用堵车这个现象形容。堵车时，前面的车辆加速离开，后面的车辆却不得不停下，因此，车辆可以自由进出，但是堵车现象会一直存在

　　除了恒星，大量气体与尘埃也会在旋臂上聚集。因此，旋臂成为星系中恒星形成的最重要场所。这里有大量年轻恒星，而且还在形成新的恒星，同时还不断有恒星死亡、爆发超新星之类的现象发生。

　　旋臂分布在一个盘状结构上。天文学家观测发现，银河系的盘状结构还可以进一步分为薄盘和厚盘。薄盘是盘最中心厚度约3000光年的部分，这里集中了盘内85%的恒星，组成旋臂结构的恒星就处在这一层。而厚盘到银面的距离可以达到1万多光年。一般认为，薄盘上的恒星更年轻，厚盘上的恒星较年老。但在观测上，薄盘和厚盘并没有一个明确的分界线（图 9-15）。

银河系最外围也并非空无一物。天文学家相信，银河系整体上被一个巨大的暗物质构成的"晕"包裹。这个晕的直径远远超过了银河系盘的直径。在星系形成演化理论中，暗物质晕是星系形成的必要场所。如同一个温暖的摇篮，抚育着银河系的诞生和演化。没有暗物质晕的强大引力，星系里的恒星和其他物质早就被甩飞了。

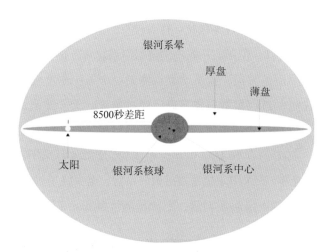

图 9-15　银河系侧面的结构，薄盘（蓝色）和厚盘（黄色），太阳位于薄盘上黄色点。红色部分是银河系核球，灰色部分是银河系晕，银河系中心位于黑色点位置，离太阳 8500 秒差距（约 2.6 万光年）

银河系和其卫星星系的相互作用

　　最近十几年间，天文学家在银河系周围发现了很多质量很小、光度很暗的卫星星系。随着观测与理论的深入研究，我们对银河系外围的观测显示，有很多卫星星系曾经和银河系发生过相互作用。在靠近银河系的过程中，卫星星系的尘埃和外围恒星会被剥离，如同泡在水中的糖果被逐渐融化一样。较重的卫星星系的核心会稳定地保持一段时间，但随着不断地围绕银河系旋转，也会逐步瓦解。

　　在大犬座的方向，天文学家观测到一个恒星密度较为反常的天区，这里的红巨星数目异常高。经过争论，天文学家认为这可能是一个已经快要被银河系完全吞噬的卫星星系。它名叫大犬座矮星系，其中约有 10 亿颗恒星，距离我们约 2.4 万光年，距离银心约 4 万光年。这个卫星星系接近银河系后，至少绕了银河系 3 圈，其恒星不断地被银河系剥落，形成星流（Stream）（图 9-16 红色

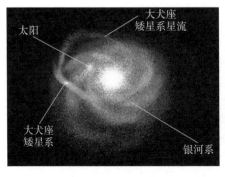

图 9-16　左图：大犬座矮星系留下的红色星流和银河系的蓝色旋臂示意图；右图：银河系的整体星流结构示意图，图中最大是室女座星流

所示）。需要指出的是，大犬座星流并不唯一。在银河系外围有着相当多的星流，它们都是银河系和卫星星系相互作用之后留下的遗迹。

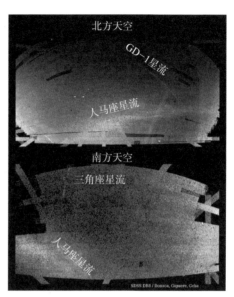

图 9-17　斯隆数字巡天项目中，巡天图像中显示的银河系内的星流，如图中较深的恒星印记所示，重要的星流有人马座星流、GD-1 星流、三角座星流等

这些星流在一般的观测中极难被发现。直到最近，天文学家开展了大尺度的巡天项目，如斯隆数字巡天项目、暗能量巡天（DES）项目等，我们才能一睹这些星流的面貌。比如图 9-17 中，人马座星流，就是另一个矮星系——人马座矮椭圆星系并入银河后形成的。迄今，我们已经发现了将近 20 个星流结构。

在南半球，还有两个离银河系相当近的矮星系——著名的大麦哲伦云与小麦哲伦云。它们和银河系之间也有相互作用力，但观测结果显示，目前这两个星系并非即将落入银河系，而只是碰巧和银河系擦肩而过，它们未来有可能会和我们的银河系融为一体。大小麦哲伦云之间也存在相互作用。它们相互抛射的气体在射电波段异常明亮，可以被示踪从而显现出银河系与大小麦哲伦云之间的关联。这些气体中也会形成年轻恒星，游离在星系之间（图 9-18）。

图 9-18 左图：大麦哲伦云是个不规则星系，因受到小麦哲伦云和银河系的引力作用而扭曲；右图：大小麦哲伦云相互作用，产生巨大的云团，发射出射电波段的辐射（红色所示）

银河系的未来

仙女座星系是距离银河系最近的大质量星系，两者都在"本星系群"中。这两个星系好像一对姐妹，同为旋涡星系，质量相近，都有各自的卫星星系。目前的观测显示，它们正在以每秒约120千米的速度相互靠近。40 ～ 60亿年之后，它们将会如同宇宙中繁多的相互作用星系一样，逐步融合在一起，合并为一个更大的椭圆星系，不再有旋臂结构（图 9-19）。这个新的椭圆星系的英文名暂定为 Milkomeda（银河系英文 Milky Way 和仙女座星系英文 Andromeda 的合并词）。

本星系群第三大星系 M33 随后会一并融合进这个大椭圆星

系中。这是本星系群，也是银河系的最终命运。银河系并不会永恒存在。

由于目前还难以精确测定仙女座星系相对我们的速度大小与方向，我们并不能断定这种碰撞将会是头对头的直接碰撞，还是经历若干个擦肩之后才最终融合。但无论以哪种形式，在几十亿年之后，星系内的气体碰撞挤压将加速形成数量繁多的年轻恒星。我们的星空将会遍布蓝色耀眼的刚形成的星星，接着一些走向死亡之路的恒星将成为恒星遗迹，发出各色光芒（图 9-20 中第 5 小图）。大量已有恒星的轨道也会被这个并合过程打乱。

图 9-19 银河系和仙女座星系的相向运动。我们银河系和仙女座星系会相向运动，三角座星系会绕着仙女座星系随后融合进来

图 9-20 现在和 20、37.5、38.5、39、40、51、70 亿年后的星空景象想象图，银河系会与仙女座星系逐步靠近并最终并合为更大的一个星系

第 10 章

河外星系

浩瀚宇宙中，星系是物质的大尺度结构的基本单位。哈勃极端深场观测到的星系与我们的距离可达 300 亿光年，这是目前人类对星系观测的极限距离。然而就在 100 年前，绝大多数天文学家还以为银河系就是整个宇宙，宇宙的大小只有几十万光年。

在这一章，我们将回顾过去几百年人类如何将视野深入深邃的太空、如何确定宇宙中的众多星系，并介绍各种各样美丽、壮观的星系以及更大的结构。

河外星系研究简史

在人类确定银河系的具体形状前，赖特就已提出：宇宙中有很多类似于银河系的星系，这些星系就像宇宙海洋中的岛屿。他甚至提到，天空中有一些不能被望远镜分解为恒星的、暗弱的、弥散的光斑，很可能是遥远的星系。

类似的思想被同时期的康德进一步阐述。他提出了著名的"地球平庸原理"和"宇宙岛"概念：我们处于宇宙中一个典型而普通的部分，和任何宇宙的其他部分一样，我们处于一个普通的星系中，而宇宙中散布有千千万万个普通星系，就好像"宇宙岛"一样。

但是，要验证这个猜想却需要精确的观测。赫歇尔仔细查看了梅西耶星表中的星云，发现有一些能分解为多颗恒星。但他没有顺着这个思路往下拓展：一是因为他同时也发现一些星云无论如何不能继续往下分解；二是，即使确定一些"星云"里面有恒星，也可以认为那些星云是银河系内的多恒星系统，而不能确定它们就是类似于银河系的星系。

随着观测技术的进步，对这类星云特别是那些被称为"旋涡星云"的本质的争论越来越激烈。有人认为旋涡星云是银河系内的天体，而银河系就是整个宇宙；有人认为它们在银河系外，而银河系只是宇宙众多星系中的一个。这两个观点的代表人物分别为沙普利和柯蒂斯（图 10-1）。

1920 年 4 月 26 日，他们两人在美国史密松自然博物馆举行

图 10-1 沙普利（左）和柯蒂斯（右）

了一场天文学史上著名的辩论，中心辩题就是"银河系是不是整个宇宙"。沙普利主张银河系就是整个宇宙。支持他观点的证据之一是"仙女座星云"中的"新星"。

"仙女座星云"在梅西耶星表中的编号为 31，即 M31。天文学家曾经分别在 1885 年和 1901 年观测到 M31 和英仙座方向上的"新星"，它们最亮时看起来亮度差不多。如果它们的真实亮度一样，那自然应该差不多远。英仙座方向这颗"新星"距离我们只有大约 100 光年，那 M31 自然也只有大约 100 光年，在银河系内部。

如果 M31 是银河系外的星系，那么距离就比 100 光年大得多，在这么远距离还可以看到这么亮的新星，这颗新星的真实亮度将是太阳的 10 亿倍。这在当时是无法想象的亮度。沙普利的论述虽然有理有据，却需要基于这两颗"新星"具有同样的亮度的假设，而这个假设未必是真的。

随着天文学的发展，我们后来知道仙女座星云中爆发的并不是一颗"新星"，而是一颗比"新星"亮得多的"超新星"，确实会有那么亮。但在当时，超新星的理论尚未被提出，如此巨大的亮度超乎绝大多数天文学家的想象。所以沙普利由此推断仙女座星云在银河系内，银河系的尺度就是我们已知范围内的最大尺度。

与此相反，柯蒂斯主张银河系并不是整个宇宙，他的第一个证据是旋涡星云的形状和当时被推断出的银河系的形状类似。另一个证据也从 M31 得来。因为新星出现的频率并不高，而 M31 中出现的新星远不止 1885 年观测到的那一颗。柯蒂斯据此推断：M31 里面有的恒星数量和银河系差不多，这是一个和银河系类似的星系。柯蒂斯还认为确实有一类新星爆发后比普通的新星明亮得多。

1920 年的那场辩论没有当场分出胜负，此后两人通过论文进行更具体的辩论，依然无法得到共识。1923 年，哈勃观测到了 M31 中的造父变星，并估算了它的距离。尽管哈勃严重低估了这个距离，这一距离还是远远大于当时已知的银河系内最远的球状星团的距离。

于是人类的宇宙观迎来了又一次革命：银河系不是整个宇宙，它不过是宇宙众多星系中的一个，是浩瀚宇宙中一个不起眼的"岛屿"。从另一个星系远远望回去，银河系也不过是一小片"星云"。

人类早已抬头仰望银河，但关于"银河系是不是整个宇宙""银河之外有没有类似于银河的星系"这些问题，却一直到 1923 年才得到最终答案。也就是说，一百年前，人类连最基本的宇宙观都没有建立起来。这并不是因为前人没有深入思考过这个问题，而是因为回答这个问题必须依赖理论、观测以及望远镜技术的发展：哈勃使用的是当时世界上最大的 254 厘米口径望远镜，依赖的是勒维特新发现的造父变星的周期光度关系。

现在我们知道，不仅 M31 是银河系外的星系，梅西耶星表里登记的那些 110 个天体中有 39 个是银河系外的星系。这些星系都离我们很遥远，但是因为它们极大、极明亮，跨越上亿光年的距离依然能够展现在我们面前。凭今天的观测能力，我们已经能够观测到 300 亿光年远的星系。

近临星系风采

如同城市是国家中人口和财富集中的区域，星系是宇宙中质量和能量集聚的场所。耀眼的星系中充斥着恒星的诞生、演化和死亡。这些迷人的星系各有各的风采。接下来我们将介绍几个比较著名的星系。

大麦哲伦云与小麦哲伦云

在南半球夏夜的天空，有两个看上去甚为庞大的云状物质，600 多年前，航海家麦哲伦在南半球发现了这两个天体，后来人们称它们为"大麦哲伦云"和"小麦哲伦云"（图 10-2）。但是随后的观测发现，这两个云状物质其实也是星系，它们绕着银河系旋转，就像卫星绕着行星旋转，因此被称为银河系的"卫星星系"。在银河系所有卫星星系中，它们俩是最显眼、最著名的。

大麦哲伦云离银河系约 16 万光年，直径约 1.4 万光年。小麦

图 10-2　大小麦哲伦云（图中下方的显眼星系
和上方的小星系），星空下是欧洲南方天文台甚
大望远镜阵列

　　1912 年，勒维特就是根据她测量的小麦哲伦云中的大
量造父变星的特征，得到了举足轻重的"周期 – 光度关系"，
为天文学家提供了一把可靠的量天尺，为沙普利和哈勃的
划时代发现奠定了最坚实的基础。

哲伦云离银河系约 20 万光年，直径约 7 千光年。它们的质量和恒
星数量都远小于银河系。

仙女座星系（M31）

　　在北半球的秋季，每当夜幕降临、繁星出现，在仙女座和飞
马座附近，就会有一个昏暗的白点开始闪耀。它是我们最熟悉的

星系之一——仙女座星系（图10-3）。

图10-3　上图：接近实际观测的仙女座星系和银河系比较；
下图：仙女座星系实际视面积和月球比较

　　仙女座星系离我们约250万光年，直径约22万光年，远远超过大小麦哲伦云。但由于它距离我们更遥远，因此看上去更小。观测与分析表明，仙女座星系比我们的银河系更重、更大，有大约一万亿颗恒星。它有着明亮的核心、漂亮的旋臂和遮掩星光的尘埃带。整体而言，M31很像银河系，一般被认为是银河系的姐妹星系。它也有多个卫星星系，其中比较著名的是M32

和 M110。

仙女座星系是一个雪白而安静的旋涡星系。如果我们用望远镜对准它进行长时间曝光，就会在照片中看到它暗弱的周边，从而发现这个星系在天空中相当庞大。其视面积有 5 平方度左右，大约是月球的 20 倍。但因为肉眼只能看到其明亮的核心而看不到其边缘，所以看上去小得多。

波德星系(M81)与雪茄星系（M82）

我们把视线放得再远一些，就会看到一些更美丽、更奇特的星系。比如，离我们约 1100 万光年的地方，有一对非常漂亮的旋涡星系（图 10-4）：它们在梅西耶星表中排名第 81 位和 82 位，直径约为 9 万光年和 3.7 万光年。M81 的质量约为 500 亿个太阳质量。在图 10-4 中，它的颜色偏蓝。研究表明，M81 的旋臂充满炽热的年轻恒星，里面也有温度较低的氢分子云。M82 是侧向我们的，我们只能看到它的星系盘的侧面。M82 的星系盘中多气体，在垂直于气体盘方向有较低温度的物质点缀（图 10-4 中用红色显示）。

图 10-4　左：波德星系（M81）；右：雪茄（M82）星系

半人马座A星系、草帽星系与室女座A（M87）星系

　　银河系附近有一个距离我们约 1300 万光年的半人马座 A 星系，这个星系在光学波段上是个明亮的星系，而且它在射电和 X 波段也非常耀眼。在这个星系中，最有意思的是它的尘埃带。哈勃望远镜对其进行了拍摄，看到了无数尘埃区（图 10-5 中紫红色部分）。

图 10-5　左图：半人马座 A 全图；右图：哈勃望远镜拍摄的半人马座 A 星系中的尘埃带部分

　　在更遥远的地方，宇宙中存在着一顶美丽的草帽，它被称为草帽星系（M104）（图 10-6），它的直径约为 5 万光年，离地球 2800 万光年。它的核心相当明亮，照耀着周围稠密的尘埃盘。

图 10-6　草帽星系（斯皮策红外望远镜合成图像），蓝色部分
为恒星发出的光，红色部分为尘埃带的辐射

　　并不是所有的星系都呈现出盘状结构。例如，室女座方向上
距离我们 5350 万光年的室女座 A 星系（M87）（图 10-7），就如
同一个球体。它的直径和银河系差不多，但其全部质量是银河系
的 200 倍左右。

图 10-7　室女座 A 星系

星系的分类与特征：哈勃音叉图

　　从哈勃测出"仙女座星云"的距离并确定它是河外星系到现在，天文学家已经发现至少一百万个星系，可观测宇宙中的星系理论上超过 2000 亿个。这些星系形态各异，特征多变。对它们的分类与内在关系的研究，是一个重要而有趣的课题。

　　1926 年，哈勃根据大量观测的结果，依据星系的形状把星系分成了多种类型，得到了著名的哈勃序列图。这张图将各类星系按照次序排成了音叉的形状，因此又被称为"哈勃音叉图"（图 10-8）。

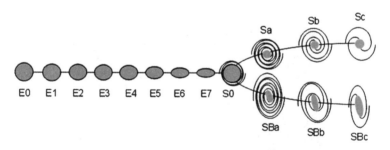

图 10-8　星系分类的"哈勃音叉图"

　　在哈勃音叉图的叉柄上都是一些椭圆星系（E0 ～ E7），它们并不像银河系那样有一个扁平的盘状结构，而是呈现为椭圆形。它们中的恒星也不像银盘上的恒星那样规则地绕星系中心旋转，而是普遍无规则地运动。从 E0 到 E7，星系形状越来越扁，逐步从圆圆的一个球逐渐过渡到长长的一个棒。椭圆星系中的恒星年龄都比较老，可形成新恒星的气体也比银河系少得多。所以，一定是很久以前，它们就基本不再形成恒星了。

在哈勃音叉图右边两条分支上都是和银河系一般的旋涡星系，区别是：下支的星系中心有一个棒状结构，因此被称为"棒旋星系"，英文符号为"SB"；上支没有棒状结构，因此属于真正的旋涡星系，英文符号为"S"。从叉根到叉尖（a～c），核球逐渐变小，旋臂从紧致、宏大、清晰到零散、短小、模糊。Sa 或 SBa 还有些类似于椭圆星系，但到了 Sc 或 SBc，就完全是另外的形态了。

旋涡星系的银盘上普遍含有大量冷气体和尘埃，富含正在形成新生的恒星。然而，它们中的恒星并不都是年轻的。与银河系结构类似，几乎所有旋涡星系与棒旋星系都有星系盘、核球和暗物质晕，而中心区的核球和外围的暗物质晕都是恒星年龄较老的区域。

哈勃音叉图中，叉柄和叉刃的连接处是一类较奇特的星系——透镜星系（S0 星系）。它们具有旋涡星系的形态结构，有恒星盘、核球和暗物质晕，也应该像银河系那样具有中心大质量黑洞，却不像旋涡星系那样正在形成新的恒星。它们无论从形态上还是性质上都介于椭圆星系和旋涡星系之间。

除了以上三大类规则星系之外，哈勃还发现了一些形状不规则的星系，这些形状不规则的星系只占当时观测到的星系总量的3% 左右。它们富含气体，并正在形成恒星。哈勃把不规则星系放在了音叉图中不起眼的末端（图 10-8 没有展示）。

不规则星系中质量较小的成员和椭圆星系中质量较小的成员一起构成"矮星系"。在哈勃的时代，望远镜观测能力很有限，哈勃并没有重视它们。然而，随着技术的进步，人们发现，矮星系居然是宇宙中数目最多的星系。也就是说，在星系的形成和演化历史中，矮星系一定扮演着重要的角色。

哈勃序列刚被描绘出来时，天文学家普遍认为它揭示的是星系的时间演化序列。一部分学者认为星系演化顺序从左向右：起初是球状，因为旋转越来越扁平，后来长出旋臂。另一部分学者认为演化从右向左：旋涡星系越转越紧，最后旋臂消失，只留下核球一样的椭球结构。后来，人们才知道，哈勃序列绝不是简单的时间演化序列。椭圆星系不会越转越扁平，更不可能自己长出旋臂；旋涡星系如果不受扰动，旋臂可以稳定地维持下去，不会越转越紧。

至于这些星系如何形成，这是当下天文学最基本、最重要的问题之一，目前主流的观点是，矮星系会被附近的大质量椭圆星系或旋涡星系吞并；而旋涡星系通过并合，可以形成巨大的椭圆星系。因此，哈勃序列被更多的天文学家认为是从右往左演化的，但这种演化必须涉及星系并合过程，而不是之前学者所认为的独自演化。

链接

哈勃空间望远镜与河外星系

1995 年，哈勃空间望远镜对宇宙的一个很小的区域进行了长期瞄准。这个区域非常狭小，和我们在 100 米之外看小孩子的巴掌一样大。一开始，我们只看到一片黑暗；随着曝光时间的持续增加，照片里出现了大量漂亮的星系。这些星系都处于宇宙早期，它们诞生时，宇宙也只有十亿年左右。1998 年，有类似的项目又针对南半球的天空开展了一次，也发现了大量早期宇宙中的星系。从 2003 年到 2004 年，哈勃空间望远镜执行了"超级深场"的任务，看到了更早诞生的星系。2012 年，哈勃空间望远镜执行了"哈勃极端深场（XDF）"任务，累积了长达 200 万秒的观测。望远镜观测的区域如图 10-9 的小白框所示，视场的边长不过为满月直径的十分之一，但是落在这个视场中的星系却已经达到约 5500 个，如图 10-9 左上黄框所示。

图 10-9　哈勃空间望远镜极端深场观测区域。图中 XDF 所在白色方框为哈勃极端深场区域，左上角黄色方框为这块区域放大后的图像，可以看到，这块区域中有大量星系

星系的"颜色"

　　20世纪后半叶，随着观测手段的进步，天文学家不仅可以拍摄星系图像，还可以获得星系的"颜色"（图10-10）。这些颜色并不完全等同于我们眼睛看到的颜色，而是同一个星系在不同波段的亮度比（或者星等差）。这些波段并不局限于我们肉眼可见的光学波段，也包括人眼看不见的射电、红外、紫外、X射线和伽马射线波段。今天我们对星系的认知已经被拓展到了电磁波的几乎所有波段。

图 10-10　斯隆望远镜和拍摄的部分星系图像

　　在星系天文学的早期，人们就认识到，哈勃分类中，不同类型星系的颜色不同。如果我们用斯隆数字巡天项目的观测数据测量不同类型星系在 r 波段（类似人眼看到的红色）和 u 波段（近紫外）的亮度，就会发现，质量相似的不同类型星系颜色差异很大。一般而言，同等质量的星系，椭圆星系（E）和透镜星系（S0）偏红，而旋涡星系偏蓝。特别是一些非常巨大的椭圆星系的颜色完全是红黄色的（图 10-11）。

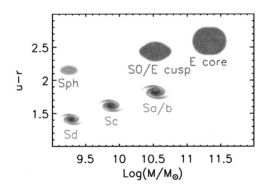

图 10-11　星系形态和质量，颜色关系，横坐标为对数坐标下的质量（以太阳质量为单位），纵坐标为 u 和 r 波段星等差，值越大，星系越红

　　星系的颜色反映了星系内部的恒星、气体与尘埃的性质。星系中的大质量恒星温度很高，发出明亮的蓝色光芒；小质量恒星温度很低，发出的光偏红。大质量恒星的寿命很短，只有持续的恒星形成活动，才能维持星系的蓝色特征。如果星系中的冷气体消耗殆尽，能够形成的新恒星也就大幅度减少，星系的颜色就被长寿命的小质量恒星发出的红色光芒所主导。大部分椭圆星系早已停止恒星形成活动，而旋涡星系还在不断形成新的恒星，这就是旋涡星系比大质量椭圆星系蓝得多的原因。

　　多个波段的观测可以得到更加丰富的信息。以仙女座星系为例，图 10-12 展示了它在射电、红外、可见光、紫外和 X 射线波段的图像。

?

尝试回答：什么样的星系颜色更蓝，什么样的星系
颜色更红？

| 射电 | 红外 | 可见光 | 紫外 | X射线 |

图 10-12　M31 在射电、红外、可见光、紫外和 X 射线波段的图像

　　一般而言，可见光的辐射主要来自于恒星；射电波段被用来
探测星系中的冷气体（如氢原子气体），而远红外波段被用来探
测尘埃，紫外波段可以示踪年轻恒星的分布，X 射线波段体现了
星系中黑洞系统、中子星和超新星遗迹辐射出的高能电子的分
布。结合仙女座星系的可见光图像，我们看到射电、远红外与紫
外波段能更好地示踪 M31 的旋臂结构，而 X 射线稍逊。正如上
一章中提到的，旋臂是星系中物质密度相对较高的区域，气体更
容易被尘埃冷却，形成年轻恒星。

　　另一个例子是 M82。这是一个星暴星系，内部正在快速地形
成大量恒星，同时有很多大质量恒星演化之后发生超新星爆炸。图

10-13 是 M82 在可见光和 X 射线下的图像。可以看到，它的可见光图像呈现出蓝白色，但有相当多红色物质在星系之外，它们是被 M82 中爆发的超新星抛洒出去的物质。超新星不仅把大量的物体抛出星系，还产生出大量高能粒子，发出 X 射线，因此 M82 有更多 X 射线光子在垂直于星系盘的方向。

图 10-13　左图：M82 在光学和红外下的合成图像；右图：M82 在 X 射线下的图像。两幅图方向是一致的。X 射线中星系盘几乎看不见，只能看到垂直于星系盘的辐射

星系群、星系团、超星系团与星系长城

由于引力的相互作用，靠得比较近的星系会聚集在一起，形成星系群或者星系团。多个星系群或者星系团之间也存在巨大引力，因此聚集成超星系团。超星系团之间也会由于引力而形成形

似长城一样的大尺度结构，我们称之为"星系长城"。

　　一般而言，星系群是较小的星系群体，成员数目有数十或上百个。而星系团是较大的星系群体，其中星系数目可达上万个，质量可以到 1 千万亿太阳质量，半径可以扩展到几百万光年。

　　我们的银河系就处于一个有数十万亿太阳质量的"本星系群"，直径约三百万光年，包括银河系、仙女座星系、两者的卫星星系，以及附近的一些星系。迄今为止，人们已在本星系群内发现了超过 50 个较大的成员星系（图 10-14）。

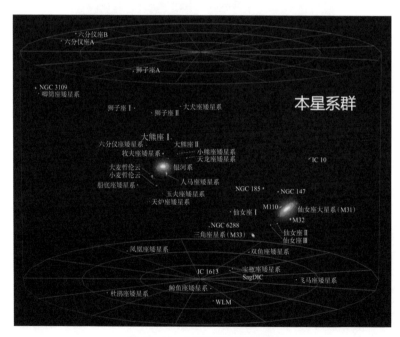

图 10-14　本星系群的三维位置

一般来讲，星系群和星系团中都存在一个或者两个最大的星系，它们通常被认为是整个群体的核心（图 10-15）。比如，本星系群中，银河系和仙女座星系分别是两个核心之一，其他的星系相对较小、较暗，大多是这两个大星系的卫星星系。在一些巨大的星系团内，银河系这种大小的星系都只能作为更大的中央星系的卫星星系，围绕着中央星系旋转。例如，室女星系团内的室女座 A 星系，后发座星系团内的 NGC 4874 和 NGC 4889 等，都在巨大的星系团内有银河系大小的星系绕其旋转。

图 10-15　史蒂芬五重星系群（左图）和后发座星系团（右图）

星系团之间由于引力而构成超星系团。例如，我们银河系所在的本星系群就与其他大约 100 个星系团或者星系群一起构成一个"超星系团"，跨度达到一亿光年，其中心为室女座星系团，被称为"本超星系团"或者"室女座超星系团"。最近的发现认为室女座超星系团隶属于一个更大的超星系团——拉尼亚凯亚星系团，其引力中心在巨引力源附近（中心处于矩尺座星系团附近）。类似的超星系团在可见的宇宙中大约有一千万个。

　　超星系团之间由于引力组建起"宇宙长城"。例如，后发座超星系团、武仙座超星系团与狮子座超星系团一起构成了"后发座长城"。此外，天文学家还发现了"斯隆长城""武仙－北冕座长城"等至少 4 个宇宙长城。

　　天文学家认为，星系群和星系团内的星系，在漫长的演化下大多会逐步靠拢，甚至会并合到一起。而各个星系群之间则由于宇宙膨胀而渐行渐远，因此，星系群和星系团在宇宙未来的演化中会逐步变成一个个独立的王国。但随着宇宙继续膨胀，这些星系群也许也会逐渐瓦解。

星系的相互作用、物质交换与并合

　　星系的哈勃分类发表于 1926 年，涵盖了当时所了解的绝大多数形态规则的正常星系。但不久之后，天文学家发现一些星系的形态比较特殊，不属于哈勃序列中的任何一类。20 世纪 60 年代，阿普利用帕洛玛山上的 5 米口径望远镜进行巡天观测，绘制出一部关于"奇怪星系"的图集，并将这些奇怪星系编以阿普（Arp）序号。很快，天文学家便意识到，这些奇怪的星系其实是多个星系正在发生相互作用。星系群和星系团中，星系相互作用很常见（图 10-16）。

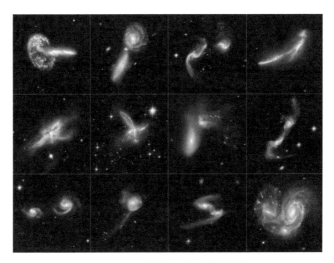

图 10-16　部分相互作用星系图像

　　相互作用星系是一些距离比较近，因为潮汐作用正在彼此交换物质的星系。上一章我们提到，银河系和自己的卫星星系之间就有过密切的相互作用。另一个例子在 M81 星系群中，其主要成员 M81、M82 和 NGC 3077 正在密集地交换气体。值得注意的是，它们在光学波段上看上去各自独立，它们之间的相互作用是在射电波段被观测到的。所以说多波段观测十分重要。

　　相互作用星系由于引力会彼此靠近，最终并合在一起。星系从开始产生显著的相互作用到并合，会经历几亿年左右的时间。因此我们无法跟踪某几个特定星系并合的全过程。但幸运的是，宇宙中庞大的星系总量使我们可以目睹到相互作用星系从靠近到并合的不同时期的"瞬间"，从而推测出星系并合的具体过程。

在各种星系并合中，较为引人注目的是两个质量相当的星系发生并合，它被称为"主并合"。这是一类相当剧烈的进程：原先的两个星系会被彻底打散，星系自身被潮汐力撕碎，星系内的恒星被大量甩开，形成弯曲结构。随后两个星系的核心融合，而星系其他部分会逐步融入新的星系中。如果这两个星系富含气体，气体会在并合过程中受到挤压，触发剧烈的恒星形成活动，使新星系成为"星暴星系"。例如，图 10-17 展示的是触角星系的光学图像，星系中心部分发生了剧烈的恒星形成，形成了大量的新生恒星。

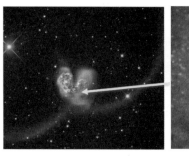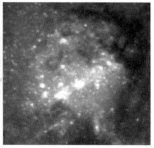

图 10-17　左图：触角星系在光学波段的照片，中心区域呈现心形；右图：触角星系中央的恒星形成区放大图像，可以看到大量新形成的恒星

除观测外，现代天文学家还通过计算机模拟研究相互作用星系的演化过程。通过超级计算机，天文学家可以重现"主并合"的具体过程。令人惊异的是，这些计算机模拟的结果和实际观测有着惊人的一致性。如图 10-18 所示，上排的计算机模拟结果和下排的实际观测结果在各个并合阶段基本可以一一对应。

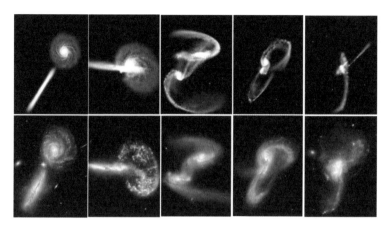

图 10-18　计算机模拟（上排）和实际观测中（下排）的星系并合的各个阶段

　　现在的主流观点认为，主并合的最终产物是一个没有恒星形成活动的椭圆星系。如果起初参与并合的星系富含气体，在停止恒星形成之前会经历一个"星暴"阶段。

　　需要指出的是，绝大多数星系并合并不是图 10-18 所示的主并合，大质量星系吞并小星系的"微并合"过程更常见。目前的理论认为，"微并合"是大质量星系成长的必经之路。旋涡星系通过吞并小星系，不但吸收了小星系的气体和恒星，增加了自身质量，还增大了自身星系盘的厚度。例如，我们之前提到的银河系与周围小质量卫星星系发生的相互作用就属于这种"微并合"，而我们银河系的厚盘结构就很可能是由于恒星盘受卫星星系的扰动形成的。

　　星系群和星系团中的星系的相互作用，会将大量气体拉扯到星系之间的空间，使其成为星系群或星系团内的介质，具有非常高的温度。这使得小星系不但可以和附近的星系发生相互作用，也可以受周围环境的作用影响。1970 年左右，天文学家发现，星系团中的很多星系似乎长了小尾巴。后来人们意识到，这是落入星系团的小星系的"冲压力剥离"现象。简单来说，星系团内存在着大量高温介质，卫星星系落入时，产生了"风"。这种风吹离了卫星星系内的气体和尘埃，看上去像是给星系吹出了尾巴。这就如我们在空气中挥舞旗子，产生的风让旗子招展。因为被"风"吹走了大量的冷气体，小星系的恒星形成活动会迅速减弱（图 10-19）。"冲压力剥离"是减弱星系恒星形成活动的重要机制。

图 10-19　左图：星系团风吹走了落入星系的物质，在 X 射线波段出现长长的尾迹；右图：星系团风将下落星系尘埃吹弯，成了弓形

　　星系间的相互作用不仅会拉扯气体，还会拉扯星系里的恒星。观测表明，星系团中，星系之间有孤独的恒星。这些恒星发出的可见光的总亮度占整个星系团可见光亮度的 50% 左右，这意味着星系团中处于星系以外的孤独恒星的数量极大。目前理论研究认为，这些恒星来自较大星系的卫星星系，它们在与大星系相互作用时，其中的恒星被拉扯到星系以外。

链接

SZ 效应

星系团内介质的温度可以达到上百万摄氏度，它们在 X 射线波段极为明亮。这些介质如何被加热到这么高温度，至今仍然众说纷纭。较为流行的理论有两种。一种认为，由于星系团内有巨大的引力，小星系落入星系团时，释放出的能量中的一部分变成热量，使得星系团内的粒子被加热，辐射出 X 射线。另一种理论则认为，星系团中央的活动星系核（接下来会介绍）释放出大量的能量，加热了星系团内介质。星系团中高温介质不仅会对其中的星系造成影响，也会影响经过星系团的光子。弥漫在太空中的微波背景辐射光子在经过星系团时，会与星系团内的高能粒子碰撞，从而使能量增加、频率增高、波长缩短。微波背景辐射通过星系团后低频率辐射减弱，高频辐射增强，这就是著名的苏尼亚耶夫 – 泽尔多维奇效应（缩写为 SZ 效应）。这种效应可以帮助我们找到星系团，研究很多宇宙学现象。

活动星系核

　　天文学家在刚开始研究星系时就发现，大部分星系正在比较"安稳"地发光，但有些星系反常地活跃。从 1909 年到 1926 年，费斯、斯里弗、哈勃等天文学家就注意到所谓的"旋涡星云"中，有一部分会发射出明亮的发射线。塞弗特首次系统研究了此类星系，发现一些这类星系的中心异常明亮，这类星系被称为"塞弗特星系"。

　　从 1960 年到 1963 年，桑德奇和斯密特发现一些核心更为明亮、类似恒星的"类星体"，它们的大小为普通星系的万分之一，但产生的光度能够达到普通星系中所有恒星光度总的几倍甚至几百倍。现在，天文学家们将塞弗特星系、类星体和其他类似的天体定义为"活动星系"，其核心为"活动星系核"（图 10-20）。

图 10-20　赛弗特星系 NGC 7742 和类星体 3C 273 图像，赛福特星系的中心非常明亮，而类星体在远处看上去和恒星无异，只有把中心掩盖掉，才能看到星系结构

活动星系核除了极为明亮之外，还有着其他特性。首先，它们的尺度比星系小得多。根据观测数据，人们发现活动星系核的亮度可以在几个小时甚至几天时间左右的时间内反复变化，但又没有周期性。这意味着发光源的直径应该在几个光天（1 光天等于光走一天的距离）。这个距离远小于整个星系几万光年的直径。

其次，不同的活动星系核的辐射特征不同。比如，塞弗特星系有很强的高电离发射线，根据其发射线宽度可以将塞弗特星系分成 I 型和 II 型。大约五分之一的活动星系核在射电波段发出极强的辐射，因此被称为"射电噪活动星系核"，而剩下的大部分的射电辐射非常弱甚至观测不到，因此被称为"射电宁静活动星系核"。

有些射电噪活动星系核的亮度在射电、光学和 X 射线波段有快速的变化，被称为"耀变体"。科学家们还探测到了来自耀变体的高能伽马射线。随着观测的加深，人们发现，活动星系核在几乎所有电磁波段上都释放出大量的辐射。

在活动星系核被发现初期，天文学家们对它们的辐射的来源并不十分清楚，因为根据人类对恒星的理解，恒星无法在这么小的体积内产生如此高的光度。后来，随着理论研究和观测的进步，人们才逐渐认识到，活动星系核之所以能够产生如此大量的辐射，是由于活动星系核的中心存在着超大质量黑洞，它们能够吸引并吞噬周围物质。在较小的活动星系中，中心黑洞有几十万到几百万个太阳的质量；而在较大的活动星系中，黑洞的质量甚至能够达到几十亿甚至几百亿个太阳的质量。

物质并不是直接落入黑洞，而是会先绕着黑洞旋转，然后逐步落入，形成一个围绕黑洞的很薄的吸积盘。吸积盘内的物质落入黑洞时，大约一半的引力势能转变为热量，将吸积盘物质加热到很高的温度，释放出大量可见光、X 射线辐射和伽马射线辐射。这就是活动星系核的能量来源（图 10-21）。

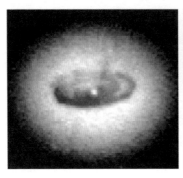

图 10-21 哈勃空间望远镜拍摄的外围尘埃盘。尘埃盘最中心的小白点是中央黑洞的吸积盘（左 NGC 4261；右 NGC 7052）

除了吸积盘上发出的辐射以外，活动星系核还在自转轴方向发射出强烈的喷流，在射电、可见光、X 射线和伽马射线等各个波段都非常明亮。一般情况下，喷流是双向的。高分辨率射电望远镜干涉阵列可以观测到喷流物质的移动。观测表明，喷流不是连续的，而是一段一段地喷流出来，喷流的行为和黑洞吞噬物质的快慢有关。如果我们直接计算喷流速度，可以达到 6 倍光速。但这是视觉效应，实际的喷流速度很接近光速但并没有超过光速。

M87 星系的核心就是一个活动星系核，喷出极为细长、准直的喷流。在可见光波段，这条喷流长达 8000 光年。一些活动星系核的喷流长度甚至远远超过了星系自身，比如英仙座 A 星系（图 10-22 中央椭圆星系），这个巨大的椭圆星系直径约为 30 万

图 10-22　英仙座 A 星系（中央椭圆星系）与射电波段喷流（红色）
合成图像，这段喷流长达上百万光年，远远超出了星系自身的范畴

光年，但是其喷流长度却达到约 200 万光年。

　　部分天文学家用以下物理图景解释喷流的形成：高速自旋的
吸积盘含有大量带电粒子，这些带电粒子在旋转的情况下形成了
强大的与黑洞接触的磁场。如果黑洞也在自转，就会拖拽磁场。
在黑洞的旋转轴上，磁场被绕成一个紧紧的锥状，这个扭曲的磁
场加速了黑洞中的粒子，让其形成喷流，整个过程的能量来源都
是黑洞的旋转能。

　　人类已经发现了各种各样的活动星系核，它们本质上有什么
区别呢？其实，当前主流的观点认为这几类活动星系核本质上完
全相同，它们不过是以不同的姿态和角度对着地球罢了。也就是
说，我们之所以观测到不同类型的活动星系核的特征，是因为我
们正在从不同的角度观察它们。这就如苏轼诗中所说"横看成岭
侧成峰"，也像盲人摸象，我们摸到了不同的东西。这个解释被称

为"活动星系核的统一图景"。

图 10-23 可以帮助我们理解这个统一图景，这是一个典型的活动星系核结构，中心是超大质量黑洞和环绕其周围的吸积盘，喷流就是从这附近向外喷出的。外面一圈像轮胎一样的环状结构，是由尘埃组成的尘埃环。尘埃环和吸积盘之间的区域，充斥着气体云，正是这些气体产生了光谱上的发射线。

根据统一图景，当我们的视线正对着喷流方向时，看到的就是耀变体；当我们的视线与喷流的角度小于 90 度时，我们看到的就是类星体，Ⅰ型塞弗特星系，或者宽线射电星系；当我们的视线与喷流垂直时，看到的主要是尘埃环，于是呈现给我们的就是Ⅱ型塞弗特星系或者窄线射电星系。

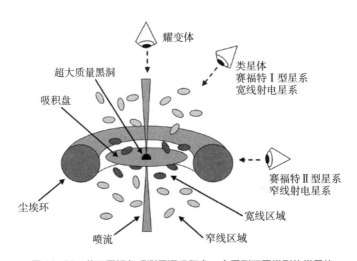

图 10-23　从不同视角观测黑洞吸积盘，会看到不同类型的类星体

活动星系核中心的黑洞一旦"吃"完了周围的物质，就不再

242

发出那么明亮的光芒，于是活动星系核开始熄灭，中心的黑洞进入休眠状态。宇宙中大部分星系中心的黑洞是休眠的，星系只是安静地释放能量。

不过，星系中心休眠的黑洞未必会永久休眠下去。如果发生星系并合，会有大量气体和尘埃被挤压到黑洞附近，使休眠的黑洞又被重新点燃，成为活动星系核。有时候，经过黑洞附近的恒星也会被黑洞俘获，并被瓦解、吞噬，产生持续几十天到几年的强烈光芒，这就是"潮汐瓦解事件"，它们的持续时间比活动星系核的持续时间短得多。

星系的旋转曲线与暗物质

根据牛顿万有引力定律，如果星系中只有可见的恒星和气体，那么星系越往外的旋转速度应该越小。以太阳系内的行星为例，水星与金星的旋转速度远远超过了外层的天王星和海王星。

然而，1939年，巴伯柯克发现，仙女座星系中的恒星，离中心越远，速度反而越大，速度与距离几乎成正比。1970年，鲁宾发表论文，公布了仙女座星系中恒星的旋转速度的更精确数值，根据鲁宾的研究结果，随着与中心的距离的变大，恒星速度先变大、再变小、再变大，然后几乎与距离无关。鲁宾观测的其他大量星系也出现类似特征：里面的恒星的旋转速度都与牛顿力学预测的速度有巨大的差异（图 10-24）。

此后，天文学家研究了更多星系后发现，大部分星系内的恒星或其他物质的旋转速度都随着半径的增大保持平直甚至增大，而星系内的可见物质，无论是光学波段看到的恒星还是其他波段探测到的气体与尘埃，都无法提供足够的质量来维持这些星系的旋转（图 10-25）。

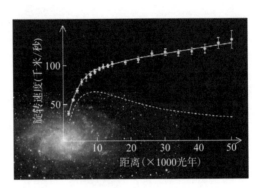

图 10-24　三角座星系（M33）的旋转曲线，横坐标为离中央黑洞的距离（光年 ly），纵坐标为旋转速度。白色虚线为预测的旋转速度曲线，蓝色实线为实际观测旋转曲线（黄色数据点为从恒星得到的速度数据，白色数据点为从中性氢得到的 21 厘米波段的速度数据）

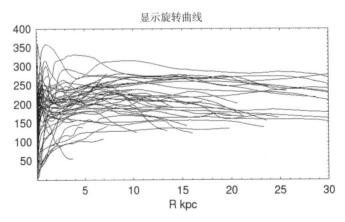

图 10-25　部分近邻星系旋转曲线（横坐标到星系中心距离，单位为千秒差距，一秒差距约为 3.26 光年；纵坐标为绕行速度，单位是千米／秒）

　　针对星系内恒星旋转速度与牛顿力学预测值的巨大差异，天文学家提出两个可能性：要么星系中除了恒星、气体、尘埃之外，还存在着远远多于这些正常物质之外的不可见物质——我们称之为"暗物质"——改变了星系中恒星的旋转速度；要么牛顿力学需要修改。如果是前一种情况，星系中的暗物质就比正常物质更多，在一些较暗的矮星系内，暗物质占总质量的 90% 以上，以至于如果一个矮星系中暗物质过少，反而成了特例。

　　其实，早在 1933 年，兹威基就在观测后发座星系团时，发现其引力质量是亮度质量的 500 倍。所谓亮度质量，指的是根据恒星亮度推导出的恒星质量。这个结果意味着星系团里可能有大量看不见的物质。而星系内恒星的旋转速度构成的"星系旋转曲线"的异常则意味着星系内可能也有暗物质。当然，这结果也可能意味着引力理论需要修正。

　　今天人们普遍认为，如果存在暗物质，那么暗物质主要是速度远低于光速的"冷暗物质"。但是，我们仍然不知道暗物质究竟由什么样的粒子组成。我们只知道，暗物质不发光，不参与电磁相互作用，只参与引力相互作用。和恒星不同，暗物质被认为不仅仅存在于星系内部。它们往往延伸到星系外部几万甚至几十万光年之外的地方，形成一种叫作"暗物质晕"的结构，把星系裹在里面。如图 10-26，银河系的暗物质晕（用蓝色显示），远远延伸到星系之外。

　　根据星系演化理论，天文学家普遍认为，暗物质晕先于星系产生。实际上，宇宙中先形成了暗物质晕，随后暗物质晕成为星系形成的温床。暗物质晕不断积聚着周边的正常物质，使得它们

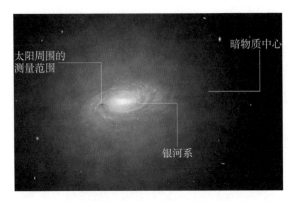

图 10-26　暗物质晕（用蓝色显示）包裹着银河系示意图

团聚、冷却，最终形成恒星。暗物质在目前的主流天文学领域中作为一个黑盒，成了星系演化中必不可少的一部分。但是对于暗物质的本质，还有待未来天文学家来揭开。

星系、星系团与引力透镜

　　在一些非常精美的星系观测照片中，常常出现一些奇怪的圆弧或者环。这并不是因为望远镜上面落了灰或者发生了变形，而是一种名为"引力透镜"的自然现象。

　　引力透镜现象最早是爱因斯坦预言的。爱因斯坦提出的广义相对论，预言时空会被物体所弯曲，物体质量越大，弯曲越严重。因此，在大质量天体的周围，光线传播的路径被显著扭曲了。如图 10-27 所示，中心天体的引力弯曲了时空，使得光线的路径被扭曲了。后来爱因斯坦又提出，光线的弯曲效应会使一个物体发出的多束光线在经过扭曲的空间后，重新汇聚到一点，产生多个虚像。宇宙中那些质量巨大的物体最容易形成引力透镜，比如星系与星系团。

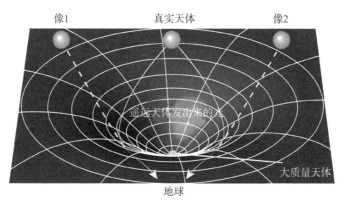

图 10-27　真实天体在大质量星系团影响下改变了光线传播路径（黄线），形成两个虚像（像 1 和像 2）

　　引力透镜首次被观测证实，是在 20 世纪 70 年代。当时，天文学家观测到两个很近的类星体 Q0957+561，它们的颜色、亮度以及其他各种特征看上去几乎完全一样。后来，天文学家认识到，这两个类星体其实是同一个类星体发出的光在路过一个巨大的星系的时候被后者弯折后产生的两个像，中间的那个星系就是一个引力透镜。随着观测的发展，特别是哈勃空间望远镜的升空，人们发现了更多引力透镜现象，它们有的成对出现，有的三个、四个、五个地出现，甚至还会产生特殊的环和圆弧。其中那些分布在四个方向上的四重像被称为"爱因斯坦十字架",产生光环的多重像被称为"爱因斯坦环"（图10-28）。

图 10-28　哈勃空间望远镜拍摄的爱因斯坦环

引力透镜现象的性质和充当引力透镜的物质的质量有关。在宇宙中,星系与星系团的质量最大,时空扭曲最为显著,因而在星系团方向,存在着大量的引力透镜导致的虚像和光弧（图10-29）。

实际上,引力透镜星系的质量往往并不集中于一个极小的点,而是分布于一个椭球。因此,引力透镜经常会形成一个、三个或者五个像。但通常其中的一个像会由于非常靠近中心而被引力透镜本身明亮的光线遮盖,所以一般的观测只能看到二重像或者四重像。五重像极难被观测到,因为这要求作为引力透镜的星系具有比较特殊的结构。图10-30展示了一个例子,类星体的像被分成A、B、C三个像。

引力透镜不仅会让背景

图 10-29　阿贝尔 370 星系团的引力透镜现象（圆弧）

天体产生多个像，还能汇
聚背景天体的光线，放
大背景天体的亮度。天
文学家在 2016 年观测到
一颗距离我们约 100 亿光
年的恒星（MACS J1149
Lensed Star 1， 图 10–31
中的 LS1/Lev16A），其亮

图 10–30　类星体三重像（A、B、C）

度被放大了 3000 多倍，成为目前观测到的最远的主序星。

图 10–31　2016 年，一颗背景恒星亮度被前景星
系团（MACS J1149 星系团）提高约 3000 倍，成
功被天文学家观测，恒星在左图和右图的蓝色箭头
位置，虚线是引力透镜放大最为显著的区域

　　引力透镜现象的具体表现形式与透镜天体的质量分布密切相
关，因此人们可以根据引力透镜成像计算出引力透镜星系的质量
分布情况（图 10–32）。除了前面所说的非常明显的"强引力透镜"
现象以外，天文学家还观测到弱引力透镜。引力透镜较弱时，只
轻微改变背景星系的形状。研究弱引力透镜，就可以获得更大尺

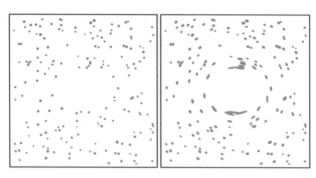

图 10-32　左图：没有引力透镜存在的星系形态；右图，弱引力透镜扭曲后的星系形态

度的天体的质量分布情况。

　　对弱引力透镜的研究，帮助我们认识了星系团性质和宇宙的物质组成。天文学家在观测子弹星系团时发现，这个星系团其实是正在并合的两个星系团。并合过程中，两个星系团内的介质互相碰撞，辐射出的 X 射线如图 10-33 红色部分所示。由图可知，这两团介质发生了明显的相互作用，交织在中间。与此同时，天文学家又通过弱引力透镜绘制的星系团内质量分布，结果如图 10-33 蓝色部分所示。根据质量分布，碰撞后两个星系团的主要质量直接穿插而

图 10-33　子弹星系团中，星系团内星系际介质（重子物质；红色显示）互相碰撞，而大部分物质（蓝色显示）却无碰撞经过

过，这表明星系团内大部分物质是无碰撞、不发光的物质，这是暗物质在星系团中存在，并在剧烈撞击下与正常物质分离的另一个非常重要的观测证据。

尝试总结本章提到的两种暗物质存在的观测证据。

第 11 章

宇宙学

遂古之初，谁传道之？

上下未形，何由考之？

——屈原《天问》

探索未知是人类自古以来的伟大理想。过去几千年来，人类一步步探索星空，获得了一个又一个重要突破。但是，人类依然有一些疑问：我们在宇宙的什么位置？宇宙是什么样子的？宇宙是永恒不变的吗？

早期宇宙学

　　古人对宇宙及其诞生过程提出了许多引人入胜的假说。这些假说在今天看来有的幼稚，有的疯狂。无论如何，它们都记载了人类探索未知的足迹。

　　对于宇宙的具体形状，中国古代天文学家主要提出了三种宇宙学观点，分别是盖天说、浑天说和宣夜说。盖天说认为天像一个圆锅盖在大地之上，这和古代人们"天圆地方"的认知最为接近。浑天说主张天地的形状像鸡蛋，天如蛋壳而地如蛋黄（图 11-1）。张衡认为，全天恒星都处于一个天球之上，日月五星则附着在天球上运行。而宣夜说受到道家思想影响，认为宇宙是无限的，天体漂浮在虚空之中，并没有具体的形状。

　　中国古代的天文学思想充分展示出古代中国天文学家和思想家的智慧。然而，受制于古代技术水平的局限性，他们并没有发

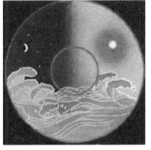

图 11-1　古典中国宇宙学理论，左边为盖天说，右边为浑天说

展出现代天文学和宇宙学体系。

宇宙观的诞生和演化也一直伴随西方哲学与人文思想的成长。由于地理上的便利，两河流域、古埃及和古希腊人在天文学方面的交流很频繁。古希腊人通过航海，最早推断出地球是球形的，古埃及天文学家埃拉托斯特尼在公元前 240 年成功测量了地球的周长，得到了很精确的结果。他也尝试测量日地距离，局限于观测水平，结果误差很大。

基于古人与自己的大量观测结果，古罗马天文学家托勒密发展了"地心说"的宇宙模型，这个模型认为恒星、行星和太阳都围绕地球转。托勒密的模型在低精度的观测下比较符合事实，并且符合"地球是宇宙中心"的观念，被中世纪的罗马教会钦定为不容置疑的学说。但是，更高精度的观测结果和地心说有着很大差异。

1543 年，哥白尼（图 11-2）发表了巨著《天体运行论》，他以大量观测事实证明了宇宙的中心是太阳，而不是地球。哥白尼的著作与观点颠覆了人们此前对宇宙的认识（图 11-3），为宗教界不容，在很长时间内被教会封杀。

图 11-2　哥白尼

但是，真理是不容抹杀的，随着布鲁诺（图 11-4）、开普勒、伽利略等天文学家的不断推进，日心说成为科学界认知的主流。哥白尼的支持者进一步推广了"日心说"，他们认为，宇宙是统一的、无限的和永恒的，在太阳系以外还有无数的天体世界。而布鲁诺因为支持哥白尼的"日心说"而遭到了教会的迫害，在 1600 年被教会烧死。

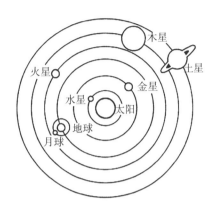

图 11-3 哥白尼的太阳系

但是，宗教对科学的压制并不会吓倒科学家。随着技术的进步，天文望远镜成为天文学家探索宇宙的重要工具。从伽利略拿起天文望远镜观察宇宙开始，人们先后发现木星的卫星、土星的环、银河系中数不清的双星、星团等。

图 11-4 布鲁诺

随着观测技术的提升，天文学家认识到，夜空中一些云雾状的天体并不是一团团气体，高分辨的望远镜可以识别其中的一些亮星。18 世纪德国哲学家康德因而猜想：这些云雾状天体可能是和银河系一样的"宇宙岛"。1923 年，哈勃成功地证明它们是一个个独立的星系。

在对宇宙观测取得不断进步的同时，人们对宇宙的运行规律的理解也不断加深。牛顿在 1687 年提出了万有引力定律，成功地解释了太阳系内行星的运行规律。天文学家甚至通过推测与计算，成功预言了海王星的轨道并在此后发现了它。但是，牛顿万有引力定律仍然存在着一些和观测不相符的地方，这也促使爱因斯坦在 1915 年提出了解释时空与引力本质的广义相对论。1917 年，爱因斯坦提出了基于广义相对论的宇宙稳定态模型。随后，弗里德曼等科学家进一步发展了这个模型，得出了宇宙膨胀和收缩的动力学模型。勒梅特在 1927 年得出了星系远离我们的速度和星系离我们的距离成正比的结论，并被哈勃成功证实。

由于广义相对论涉及深奥的数学，一开始并没有被天文学家所理解。随着宇宙膨胀现象被发现，人们终于认识到广义相对论是解释宇宙时空的钥匙，现代宇宙学也随之诞生了。

膨胀的宇宙

20 世纪初，随着人们对星系认知的加深，天文学家不仅可以拍摄星系的图像，也可以拍摄星系的光谱。和拍摄恒星光谱类似，天文学家把遥远星系的光线用三棱镜或者光栅分解为从红色到蓝色的不同波段的光，然后在感光胶片或者感光器件上测量其在不同波段上的曝光量，就可以得到星系的光谱（图 11-5）。

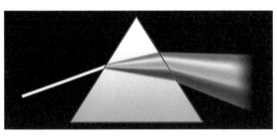

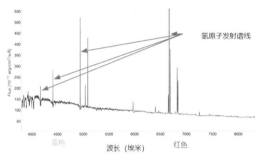

图 11-5　三棱镜分光与星系光谱

　　在星系的光谱中，存在着一些很窄很亮的区域，我们叫它们"发射线"，也有些很窄很暗的区域，我们叫它们"吸收线"。这些发射线和吸收线是由星系中大量原子造成的，尤其是宇宙中普遍存在的氢原子。

　　根据多普勒效应，我们知道，当星系朝向（或远离）我们运动时，它们光谱中的发射线、吸收线会向蓝端（或红端）偏移，这就是"蓝移"（或"红移"）。

　　如图 11-6 所示，没有红移的时候，我们观测到的谱线位置是固定的。当有了红移以后，光谱整体会向红端移动。通过测量

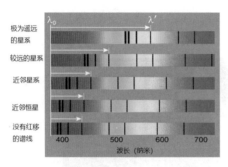

图 11-6　比较红移的大小，可以知道红移的值

光谱中的特征谱线的位置，与没有红移的谱线位置比较，我们可以知道遥远的恒星与星系的红移的大小。天文学家斯里弗首先在星系的谱线里发现了红移和蓝移现象，他的结果表明：除了少数离我们很近的星系在朝我们运动以外，宇宙中绝大多数星系在远离我们。

　　1929 年，哈勃对大量星系进行了观测，确定了一部分星系的距离，并比对了星系的距离和星系谱线红移或蓝移的值。哈勃发现，距离我们越远的星系，其远离我们的速度越快。这个关系几乎是一种正比关系。哈勃据此提出了著名的哈勃定律（图 11-7）：

　　星系远离我们的速度 = 星系离我们的距离 × 常数

　　这个常数被称为哈勃常数，最初的估计值约为 500 千米每秒每百万秒差距（1 秒差距约为 3.26 光年），后来经过不断修正，现在一般取 70 千米每秒每百万秒差距。

　　天文学家发现，这个规律是普遍的，不仅星系在远离我们，星系之间

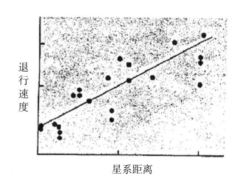

图 11-7　哈勃定律

也在远离彼此。这表明，对于整个宇宙来说，所有的星系在大尺度上都是相互远离的。这直接挑战了我们的时空观念。如果宇宙中的所有星系都在相互远离，而且远离的速度与距离成正比，那么宇宙必然不可能是静止的、永恒的，而是膨胀的、有演化过程的。

勒梅特首先提出，既然宇宙中的星系在互相远离，那么在过去，星系之间必然是离得相当近，近到遥远的星系可能近在咫尺，甚至所有的物质都被挤压在一个极小的点里面。而且，由于物质之间是如此的接近，早期宇宙必然是温度极高的，甚至连原子都不能稳定存在，而是处于更拥挤的状态。

伽莫夫等科学家发展了勒梅特的假说，并进行了一些计算。伽莫夫认为，宇宙早期，万物都是在一个非常狭小的区域产生的，这个区域如同一个炙热的火球，在某个时刻突然开始膨胀并降温，随后产生了万物和星系。

伽莫夫的学生阿尔夫与赫尔曼则证明，宇宙膨胀之后，会遗留下一些背景光子，随着宇宙温度降低，这些光子已经成为微波波段的光子，即"微波背景辐射"。

这种观点刚提出来时，根本不被科学界接受。认为宇宙一直处于稳定态的物理学家霍伊尔讥讽这种学说为"大爆炸"学说，然而，随着微波背景辐射的发现，科学界愕然发现，我们的宇宙真的发生过"大爆炸"！

1964 年，美国两个工程师彭齐亚斯和威尔逊把他们刚制成的微波天线对准天空，无意中发现了一种全天空都存在的微波信号，这个信号一直稳定存在，不受天气和时间干扰。在排除了所有可能的人造干扰源之后，他们不得不承认，这种微波辐射是自然界天然存在的辐射。他们不知道的是，此前阿尔夫与赫尔曼早已证明宇宙中存在这种微波辐射，而且隔壁的普林斯顿大学的宇宙学家迪克、皮布尔斯和威尔金森也已经认识到这一点并已经开始准备探测这种微波辐射了，只是被彭齐亚斯和威尔逊抢先了一步。因此，彭齐亚斯和威尔逊提前替宇宙学家找到了微波背景辐射，他们也因此获得了 1978 年的诺贝尔物理学奖。

微波背景辐射来自于全天各个方向，不受地球、太阳系、银河系的干扰。微波辐射的光子数量极多，是可见宇宙内其他的基本粒子数目的十亿倍，这么多的光子不可能仅仅由恒星产生，必然来源于早期宇宙。另外，微波背景辐射是相对非常均匀的，各个方向的微波背景辐射只有百万分之几的差别。这证明了宇宙曾经是非常均匀的，曾经的宇宙是真正意义上的"大同世界"。

微波背景辐射是一种典型的热辐射，通过热辐射我们可以推算辐射的温度。根据测量，微波背景辐射的温度为 2.728 开尔文（零下 270.422 摄氏度）。从全局上看，我们基本上看不到全天的微波背景辐射的差异（如图 11-8 上图所示），只有我们不断探测，当温度灵敏度能够分辨出一百万分之几开尔文的差异，并排除掉银河系和地球运动的干扰（如图 11-8 中图所示）之后，才能看到微波背景辐射极为微弱的起伏（如图 11-8 下图所示）。微波背景辐射的这些微小的起伏，是宇宙演化的种子。

如果宇宙是稳恒的、不变化的，那么我们就根本无法解释，为什么全天会有着这么多的微波辐射光子。今天我们认识到，微波背景辐射起源于宇宙极早期，当时宇宙的年龄只有大约 38 万年，直径约只有今天的 1/1100，宇宙的物质密度是今天的十亿倍

左右，全宇宙的温度高达 3000
多摄氏度。在这之前，宇宙中
的光子被原子束缚，不能自由
传播，因而不断积累，直到复
合时期才被释放冷却，形成了
充斥宇宙的微波背景辐射。今
天，当我们在地球上探测它的
时候，它已经冷却到了零下
270.422 摄氏度（2.728 开尔文）。

微波背景辐射被确认后，
天文学家基于宇宙膨胀理论，
很快建立了新一代的宇宙学模
型。考虑到宇宙中天体都有万
有引力，天文学家猜测宇宙在
膨胀过程中，会由于引力而导
致膨胀率减速。描述减速程度
的因子被称为"减速因子"。

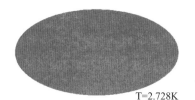

T=2.728K

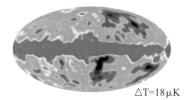

△T=18μK

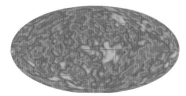

图 11-8　上：微波背景辐射的温度，
平均值为 2.728 开尔文（约零下 270
摄氏度）；中：微波背景的温度差异（μK
为一百万分之一开尔文），图中红色为
银河系的干扰；下：去除银河干扰后
的微波背景辐射

天文学家因此兴致勃勃地尝试测量减速因子的值。

1998 年，三位天文学家索尔·珀尔马特、布莱恩·施密特和
亚当·里斯，领导各自的小组根据多年来测量遥远的 Ia 型超新星
的距离，并尝试得出减速因子的值，他们惊奇地发现，这些超新
星比匀速膨胀的宇宙学理论预计的要暗一些。这说明，这些超新
星比匀速膨胀宇宙理论预计的距离更远，据此得到的减速因子居
然小于零。这只能说明一个事实，宇宙不是减速膨胀的，而是被

一种未知的排斥力促使着加速膨胀，星系以及星系里的超新星也因此被推着远离到更遥远的地方。因为这个重大成果，他们获得了 2011 年的诺贝尔物理学奖。

链接

研究微波背景辐射的三代探测器

在微波背景辐射发现之后，天文学家认识到，微波背景辐射可能是我们认识早期宇宙最好的钥匙。为避免地面微波的干扰，天文学家们耗费巨大的人力物力，先后把三代微波背景辐射探测器宇宙背景探测者（COBE）、威尔金森微波各项异性探测器（WMAP）和普朗克卫星（Planck）（图 11-9）发射上天。这些微波背景辐射探测器不断提高了我们对微波背景辐射的精确认识，让我们看到早期宇宙极微小的不均匀性。

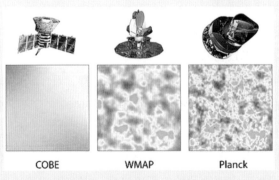

COBE   WMAP   Planck

图 11-9　三代微波背景探测器和它们拍摄的宇宙微波背景图像，我们可以看到宇宙的微小不均匀性的图像越来越清晰

　　促使宇宙加速膨胀的神秘力量被称为暗能量。宇宙学家认为它是一种整体均匀分布、对时空有着排斥作用的能量，它使得宇宙中物质相互加速远离彼此。

　　引入暗能量，会使得宇宙学模型更符合观测，而且较好地解决了很多长期存在的宇宙学争议。所以它已经被科学界大体认同。但是，到目前为止，我们仍不清楚暗能量自身到底是什么。

广义相对论与现代宇宙学

　　1687 年，牛顿提出了万有引力定律，指出天体之间的运动受万有引力支配并证明了万有引力与物体质量成正比、与距离平方成反比。随后，大量的观测数据证实这一理论。但是，如果宇宙中各个天体都相互吸引，而宇宙不存在整体转动的话，那么宇宙中天体最终将合并到一起。当时牛顿认为宇宙中距离遥远的天体是相对不动的，所以他只能寄托于上帝不断微调，来避免这种情况。

　　随着时间的推移与观测技术的进步，越来越多的证据显示出万有引力的不足。万有引力被认为是瞬时起作用的、不需要介质传播的，而爱因斯坦提出的狭义相对论表明任何作用力的传播速度都不可以超过光速。万有引力对水星反常运动的解释也和事实不符。更重要的是，爱因斯坦发现他提出的狭义相对论无法容纳引力。

为了解决这些问题，爱因斯坦花了大量时间研究一种新的引力理论并在 1915 年完成了这个目标。新的引力理论将引力纳入相对论，因此被称为"广义相对论"（图 11-10）。

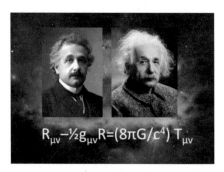

图 11-10　爱因斯坦与广义相对论的场方程

爱因斯坦指出，物质和能量导致时空弯曲，时空弯曲是引力的本质。因此，在广义相对论中，天体之所以相互旋转，是因为天体的质量扭曲了时空，使得天体只能沿着曲线运动。光也是如此，它在扭曲的时空中也必须走弯曲的路线。在上一章我们提到的"引力透镜"，就是由于大质量星系或者星系团扭曲时空导致光线曲折的结果。爱因斯坦指出，牛顿力学是广义相对论在引力很弱、速度很低时的一个特例。现代宇宙学便是基于广义相对论而建立的。

从微波背景辐射中我们可以看出，宇宙早期是相当均匀的。同时，对全天各个方向的观测表明：尽管宇宙中的小范围区域内的物质分布可以有较大差异，但在几十亿光年的尺度上没有区别，宇宙各个方向上的星系数目与分布规律几乎是一致的。因此，我们可以采用一个相对古老的世界观——宇宙学原理。

宇宙学原理认为，宇宙在大尺度上是均匀的，并且各个方向的性质保持一致。这个原理在哥白尼时期的哲学表述为：宇宙中没有一个特殊的地方，从各个地方看宇宙应当相同。因此，如果承认宇宙学原理，那么宇宙就没有一个特定的中心，宇宙整体也不存在转动。

于是我们可以推断：如果我们在地球上看到的宇宙是膨胀的，并测得了确定的哈勃常数，在几十亿光年外的地方，如果也有天文学家，他们看到的宇宙也应该是膨胀的，而且他们测得的哈勃常数应该和我们测得的完全一致。

在广义相对论为基础的宇宙学中，宇宙的膨胀和我们通常所看到的爆炸不同。我们必须认识到，星系之所以远离我们，本质上并不是星系自身在空间中奔跑、相对于我们在运动，而是时空自身的整体膨胀导致宇宙中各个点都在相互远离，因此星系是在膨胀的宇宙（图 11-11）里被时空拖拽着相互远离。

我们可以有一个形象的比喻：将宇宙当作吹起的气球，将星系当作气球上的蚂蚁。即便蚂蚁静止不动，也会由于气球膨胀而相互远离。而且这种时空自身的膨胀并不受到速度的限制。遥远的星系相互远离的速度可以超过光速，因为这是空间自身的膨胀，而不是物体在空间中运动。

我们观测到的星系红移其实包含两部分。一部分是星系相对于附近星系的运动，这个速

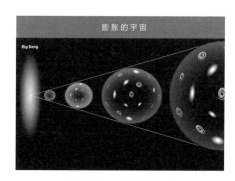

图 11-11　膨胀的宇宙

度一般不超过几千千米每秒。而另一部分是宇宙膨胀导致的红移，这个和运动导致的红移是不相关的。在近距离时，前者起主导作用；在远距离时，后者起主导作用。广义相对论认为，在光线传播的过程中，膨胀的宇宙拉伸了光波（图 11-12）。因此宇宙学红移直接和宇宙的大小相关。

由于宇宙膨胀，我们宇宙的大小一直在变化。这就需要我们定义一个尺子描绘宇宙的真实形状。我们定义过去和未来宇宙大小和今天宇宙大小的比值为尺度因子，字母为 a：

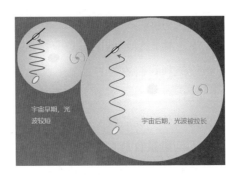

图 11-12　宇宙膨胀对光波的拉伸

$$a(t) = \frac{\text{宇宙在}t\text{时刻的大小}}{\text{今天宇宙的大小}}$$

光波长和尺度因子直接相关。越早期宇宙，尺度因子越小，其光波传播到今天被拉伸的幅度也越大。红移值和尺度因子之间的关系为：

$$a = \frac{1}{1+z}$$

红移值直接反映了宇宙过去的大小和今天的大小关系。红移 z 成为了对宇宙学研究最直观的"尺子"。红移 z 越大，尺度因子越小，当时的宇宙相对于今天的宇宙也越小，当时宇宙的平均密度和微波背景的温度也越高（密度、温度和 a 值成反比），

我们看到的这些星系发出的光也越早，它们今天离我们的距离
也越远。

表11-1　红移换算表（基于普朗克卫星数据）

红　移	0.1	0.2	0.5	1	2	5	10
宇宙直径和今天的比值	$\frac{1}{1.1}$	$\frac{1}{1.2}$	$\frac{1}{1.5}$	$\frac{1}{2}$	$\frac{1}{3}$	$\frac{1}{5}$	$\frac{1}{11}$
天体发出光线时刻	13.44亿年前	25.1亿年前	51.9亿年前	79亿年前	105亿年前	126亿年前	133亿年前
天体今天距离我们的距离	14.09亿光年	27.49亿光年	63.46亿光年	111亿光年	173亿光年	259亿光年	314亿光年
宇宙此刻年龄	124.54亿年	112.88亿年	84.06亿年	58.6亿年	32.8亿年	11.7亿年	4.72亿年

　　根据宇宙学原理，人们结合爱因斯坦的场方程，建立起时空
的基本几何框架，并进一步提出宇宙运行的基本方程。其中，弗
里德曼、勒梅特、罗伯逊、沃克等物理学家都做出了巨大的贡献，
我们现在称宇宙学基本方程为"弗里德曼－勒梅特－罗伯逊－沃
克方程"，也被简称为"弗里德曼方程"。在弗里德曼方程的描述中，
影响宇宙变化的因素有四个，分别为：曲率、光子辐射、物质的
质量、暗能量。

　　宇宙的膨胀是复杂的。辐射、物质、暗能量先后成为主导宇
宙的成分，并影响了宇宙的膨胀方式。经过大量的观测，天文学
家认为，如今宇宙中的辐射可以忽略不计。今天的宇宙组成，三
分为物质，七分为暗能量。需要指出的是，由于观测的困难，宇
宙学模型各个参数（比如宇宙的年龄，可观测宇宙大小）的具体
数值尚存在争议。目前最广泛使用的是普朗克卫星 2015 年得出的
结果。

思考

　　微波背景辐射时期，宇宙的红移为1100，你可以算出对应的宇宙相对现在的大小吗？那时候的宇宙平均密度是今天的多少倍？微波背景辐射温度是多少？

链接

影响宇宙变化的四个因素

　　曲率：曲率是时空的总体几何特性，描绘宇宙的弯曲程度。现代观测认为宇宙曲率几乎为0，这意味着宇宙是平直的，因此宇宙演化不受曲率影响。

　　光子的辐射：光子的能量密度随着宇宙体积膨胀而减小。在早期宇宙中，光子起主导作用，到后来被稀释。光子会使得宇宙减速膨胀。

　　物质的质量：物质的质量密度随着体积膨胀而减小。物质也会使得宇宙减速膨胀。

　　暗能量：暗能量密度极小，但是宇宙膨胀时，光子和物质不断被稀释，暗能量的密度却保持不变。到了红移为0.4左右的时候，暗能量主导了宇宙的演化，并使得宇宙开始加速膨胀。

　　1823年，德国天文学家奥伯斯提出，假如宇宙无穷无尽、时间永恒，且宇宙中的星星均匀分布，宇宙中某一距离处的恒星的数目与距离的三次方成正比，每颗星星发出的光到达地球的亮度与距离平方成反比，那么地球上得到的亮度就与距离成正比，越远的地方照射到地球的光越强，地球上获得的总亮度就是无穷大，因此不会有夜空出现。这就是著名的奥伯斯佯谬。这个佯谬被人们反复讨论，但一直无法解决。

直到宇宙大爆炸学说建立之后，人们才知道，宇宙并不是无始无终的，而是有一个起始时间。由于宇宙中光线的传播速度是有限的，光线不能传播到无穷远的距离，所以我们看到的宇宙仅仅是宇宙的有限的一部分，这部分宇宙被称为"可观测宇宙"（图 11-13 ）。

我们已经知道大爆炸发生在大约 138 亿年前。但是，可观测宇宙的半径并不等于 138 亿光年。原因是，宇宙是膨胀的。光线在早先传播的时候走过的距离，会随着宇宙膨胀而增大。这样，可观测宇宙的半径其实大约是 138 亿光年的 3 倍左右，精确的计算认为可观测宇宙的半径大约是 470 亿光年。在宇宙大爆炸之后大约 38 万年之前，光子被束缚在原子周围，不能自由传播，那段时期光子所描绘的可观测宇宙的大小一直为 0。直到宇宙年

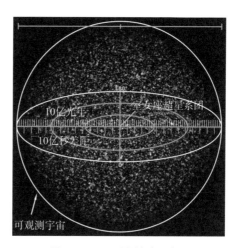

图 11-13　可观测宇宙示意图

龄达到大约 38 万年，光子成为背景辐射，可观测宇宙的大小才开始增加，此后随着宇宙年龄的增加而继续增加。但是，引力波和中微子所受的限制就小得多，它们在宇宙诞生之后几秒以内就可以自由传播，因此由它们所刻画的极早期可观测宇宙比光学的可观测宇宙要大一些。

在当今的宇宙学时空观中，物质之间相互作用的传递不能超过光速。因此，可观测宇宙之外的宇宙部分，在今天和我们不会有任何物理上的联系。值得指出的是，根据宇宙学原理，宇宙中其他任何一个点的可观测宇宙大小和我们的可观测宇宙大小是一致的。

基于现在被广泛接受的宇宙学理论，我们相信，宇宙的万物不是生来就是如此的，而是经历了漫长的演化过程。我们可以把宇宙整体的演化从光子成为背景辐射的时刻分割开。这个时刻之前的早期宇宙是辐射为主导的过程，主要涉及物质的产生。在这个时刻之后分别是物质和暗能量主导的时期，主要内容是星系的形成与演化。

从图11-14中，我们可以看到，宇宙演化的时刻、红移与温度是相互关联的。

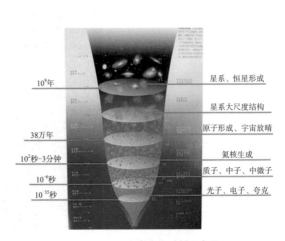

图 11-14　宇宙演化时刻示意图

表11-2 宇宙演化时刻简表

宇宙时期	极早期宇宙		早期宇宙				星系形成与演化			
	普朗克时期	暴胀	强子时期	轻子时期	元素核合成	复合时期	第一代恒星	黑暗时期结束	暗物质变为主导	今天
时刻	小于10^{-43}秒	10^{-35}秒	10^{-6}秒~1秒	1秒~10秒	10秒~1000秒	38万年	2.69亿年	4.72亿年	80亿年	138亿年
红移	无	无	无	无	无	约1089	约20	约10	约0.4	0
温度（开尔文）	大于10^{33}	约10^{27}	10^{15}	10^{12}	10^{9}	3000	54	30	4	2.7
主要物质	能量	能量	强子、光子	轻子、光子	光子	光子	物质	物质	暗能量	暗能量

早期宇宙

在大爆炸宇宙学理论被验证以后，越来越多的科学家相信，我们的宇宙起源于138亿年前的一个时空奇点。这个奇点无穷小，但是蕴藏的能量极多。宇宙的万物全部起源于此。

目前还没有任何一个物理理论可以描述时空奇点处的物理规律。我们知道时空奇点有巨大的能量、无穷大的密度，并不存在我们知道的任何物质。主导时空运行的四种基本力：强相互作用力、弱相互作用力、电磁力、引力。在此时也都是统一在"统一场力"之中。此时宇宙的密度和温度都是无穷大。

早期的宇宙演化极为迅速。从宇宙大爆炸启动开始，到宇宙年龄为10^{-43}秒，这个时期的宇宙都无法用当前的任何理论来描述，这个时期被称为宇宙的"普朗克时期"，因为10^{-43}秒被称为"普朗克时标"。

普朗克时期之后不久，大部分宇宙学家认为，宇宙经历了一次极为快速的膨胀过程。在大爆炸之后的10^{-36}秒到10^{-32}秒，宇宙膨胀了至少10^{26}倍。相当于从原子核尺度膨胀到了一个光年的尺度。这个过程被称为"暴胀"。但是，因为在暴胀之前宇宙比原子核还小得多，所以暴胀后的宇宙也才橘子那么大。

宇宙的暴胀有三个重要意义：首先，暴胀拉平了宇宙，使得我们今天看上去的宇宙是平直的。其次，今天宇宙的各个部分虽然不能相互联系却处处性质相同，是因为它们起源于一处，而暴胀之前的宇宙各部分应该是联系紧密的。第三,暴胀使得宇宙膨胀过快,来不及形成所谓的"磁单极子"(像电子质子一样的正负磁子),导致我们今天完全没有发现磁单极子。

随着宇宙的快速膨胀,宇宙很快冷却下来。温度的降低使得四种基本力开始分离,并各自形成了自己的力场,宇宙的砖块——基本粒子也随之生成。

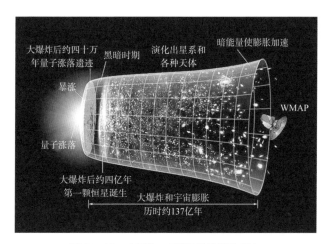

图 11-15 大爆炸、暴胀和宇宙演化历史

宇宙中的万物究其根本,是由基本粒子组成的。构成物体的基本单元是原子。原子又可以被分割成内部的核子和外面的电子。核子由质子和中子组合而成。而质子和中子也可以由更小的夸克和胶水一样的胶子组成。

在这些粒子中,质子和中子一般被划为重子。而另一部分粒子,如电子等被称为轻子。而且,所有的这些粒子都有着相对应的质量相等、电荷相反的反粒子。

古典哲学认为物质不会自发产生和消失，它们会永久存在。但是，近代物理的研究表明，有些原子会自发裂变，产生新的原子核并释放能量。就算是基本粒子，也不是永恒不变的。例如，在正常低温情况下，正粒子和反粒子如果碰撞，就会发生湮灭反应（图11-16）：它们都消失，转变为两个极高能的伽马光子。但是在极高的温度条件下，两个伽马光子也会碰撞生成正反两个粒子。这时候，反应是可逆的，导致了光子数目和对应的基本粒子数目基本相等。

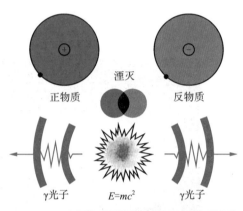

图 11-16　正反物质湮灭示意图，正反物质合并形成两个伽马（γ）光子，并释放出巨大的能量

早期宇宙蕴含的巨大能量，在宇宙大爆炸后很短的时间内，会随之形成大量伽马光子，这些伽马光子随后生成了基本上等量的正反物质。当宇宙冷却时，绝大多数正反物质又湮灭成更低能量的伽马光子。这些伽马光子接下来随着宇宙膨胀逐步冷却，最终红移成了我们今天观测到的微波背景辐射光子。

如果正反物质能够一一对应产生和消灭，那么，当宇宙冷却时，正反物质也该全部转化成伽马光子而不会留下任何剩余。事实上，当我们统计宇宙的正物质粒子、反物质粒子和微波背景辐射光子数目时，我们发现，宇宙中的微波背景辐射光子大约是正物质粒子数目的十亿倍，而正物质粒子又远远多于反物质粒子。

科学家因而认为，正物质和反物质之间可能有极为轻微的不对称性。因此，大多数正物质和反物质湮灭了，但是仍然有极少部分正物质留存下来，构成了宇宙的万物。

由于宇宙温度逐渐降低，宇宙逐渐变得适合早期原子核进行聚变反应，质子和中子生成了氦核和锂核。但是，随着宇宙的膨胀，温度快速降低，使得聚变反应过程仅持续了不长的时间便戛然而止。因此，早期宇宙元素基本上是氢、氦和极少数锂，并没有更重的元素生成。

20 世纪 40 年代，天文学家普遍不认同大爆炸理论。但是粒子物理学家伽莫夫等科学家却是大爆炸理论的坚定支持者。通过计算，他预言：如果宇宙是从一个奇点爆发而来，那么早期质子和中子就会相结合。他计算出早期宇宙中的主要元素是 75% 的氢和 25% 的氦。此后科学家对宇宙化学元素的测量支持了这个结论。

由于大爆炸并不产生比锂更重的元素，因此这些更重的元素必须通过第一代恒星演化生成，并通过恒星风或者超新星爆炸喷洒到宇宙，这些重元素"污染"了周边的星云，使得这些星云中

太阳是典型星族Ⅰ恒星，其元素质量组成大约为 74% 的氢、24% 的氦，这些元素起源于宇宙什么时期？太阳还有着不到 2% 的重元素，它们起源于哪里？星族Ⅰ、星族Ⅱ、星族Ⅲ恒星形成的次序是什么？

诞生的恒星有了重元素。第一代恒星基本上没有重元素，被称为星族Ⅲ恒星，随后的早期恒星只有极少的重元素，被称为星族Ⅱ恒星。再后来形成的含有较多重元素的第三代恒星，它们被称为星族Ⅰ恒星。

轻元素合成以后，宇宙如同一锅炙热的等离子汤。存在着原子核、电子和四处乱撞的光子，它们一同随着宇宙膨胀而逐渐冷却。这时候，由于宇宙的温度很高，物质之间的密度很高。光子不停地撞击原子，电离出电子。电子又和光子相互作用。导致光子不能随意移动。此时的宇宙，光子几乎不能自由传播。宇宙因此是不透明的。

在这锅热汤中，如果存在轻微的扰动，这些扰动会以接近0.57光速的速度传播。正如同水波一样，这些扰动传递会是一个个同心圆（如图11-17左图所示）。如果一个扰动从宇宙大爆炸开始传播，一直传播38万年左右，它们会产生一个个半径约为40万光年的波峰（由于宇宙膨胀，这个半径大于光速乘以时间的距离）。这种现象被称为"重子声波震荡"。

这些波峰所到之处会使得此处的物质密度较高，会更容易产生物质的堆积，进而形成星系。随着宇宙膨胀，迄今为止，这些波峰被拉大1100倍，达到4亿多光年。天文学家观测发现，如果我们测量每两个星系之间的距离（星系对距离），我们会发现距离约4亿光年的星系对会相对较多，在形成率的图上形成一个尖峰（如图11-17右图所示），图中以百万秒差距除以哈勃系数（哈勃系数h约为0.7）为单位，峰值对应着约4.9亿光年的距离。它们其实都是重子声波震荡的结果。

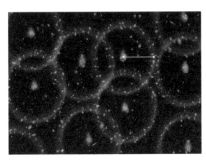 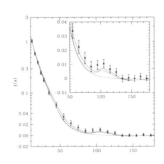

图 11-17　左图：重子声波震荡示意图；右图：星系对距离分布，横坐标在 110 百万秒差距除以哈勃系数的地方（约 150 万秒差距或者 4.9 亿光年）有个尖峰，说明这个距离的星系对数目比较多

　　到宇宙大爆炸之后的 38 万年，宇宙的温度降低到约 3000 开尔文。此时的宇宙中，光子由于能量已经低到无法电离原子。于是，光子和原子之间几乎不发生作用，电子和原子核开始结合成中性原子。而光子则可以在宇宙中自由传播，几乎不受原子的影响，成为背景光子。这个时期被称为"复合时期"。

　　复合时期是宇宙演化的一个重要的分水岭（图 11-18）。复合时期之前的宇宙一般被认为是早期宇宙，在早期宇宙中，光子和原子极强烈的相互作用使得宇宙中重子的不均匀性被抹平，重子物质不能够在引力的作用下形成结构。复合时期之后，光子不再干扰重子，重子之间主要的相互作用

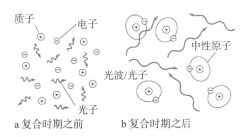

图 11-18　复合时期之前，光子被束缚住，不能自由传播，复合时期之后，光子在宇宙中通行无阻，成为背景光子

只剩下引力，于是重子物质可以在引力作用下形成结构，最终形成恒星与星系。

恒星与星系的形成

　　复合时期结束后，宇宙留存有数不清的中性氢原子、氦原子和无拘无束的背景辐射光子。此时，宇宙仍然非常平坦，宇宙中没有任何恒星和星系。而这些原子发出的光是暗淡的，而且在长波范围内，难以被我们发现。宇宙中只剩下逐步变红变暗的背景辐射光子，宇宙因此变得黑暗，被称为"黑暗时期"（图 11-19）。

　　对于黑暗时期，我们几乎没有任何观测资料。但是天文学家

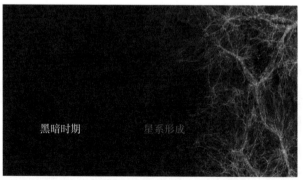

黑暗时期　　　　星系形成

图 11-19　在黑暗时期，宇宙整体是没有恒星和星系的，直到第一代恒星形成之后，宇宙才有了星系和大尺度的星系结构

相信，黑暗时期对宇宙结构的形成非常重要。在一望无尽的黑暗之下，物质在引力的作用下逐步会聚起来。在宇宙大爆炸之后 2 亿年左右，宇宙的整体均匀性被打破，第一代恒星和星系刺破了黑暗，在浩渺的宇宙中闪耀（图 11-20）。到了宇宙年龄约为 4 亿年时，早期星系明亮到可以被我们探测，从而结束了这个时期。

图 11-20　第一代恒星艺术想象图，它们都是大质量的蓝色巨星

在宇宙轻元素核合成时期，宇宙中仅仅形成了氢、氦和少部分锂原子。然而，我们在很多远古星系中，发现了更重元素的踪迹。因此，宇宙早期必然是有一部分极早形成的第一代恒星（星族Ⅲ恒星），它们迅速合成重元素，并形成超新星爆发，将重元素洒向宇宙中，为早期星系提供了重元素。

由于早期宇宙极度缺乏重元素，因此，第一代恒星必须到达非常高的质量，才有可能启动核心的核反应。这些恒星的质量大到太阳质量的一百倍甚至几千倍。它们极端炙热明亮，呈现耀眼的蓝白色。由于它们没有重元素，它们的光谱与今天的恒星有显著的区别。科学家相信，下一代红外天文望远镜和射电望远镜将有助于我们观测到这些巨大而炙热的早期恒星。

伴随着第一代恒星的形成，它们发射出的强烈紫外线，几乎将宇宙中的中性原子全部电离，宇宙仿佛回到了早期宇宙的那段完全电离的时刻，因此这段时期被称为"再电离时期"。这段时期大约从红移 20 开始，随着宇宙的膨胀和第一代恒星的死亡，结束于大约红移 6 左右。

到目前为止，对遥远宇宙的观测仍然极为艰难。一方面，远处星系会变得极为暗淡，即便我们对它们长时间曝光，也不能够累积足够多的光子。另一方面，宇宙学红移也会导致光波移动到红外波段，无法用光学望远镜观测到。因此对这些极端遥远的星系的观测需要更为强大的望远镜，尤其是红外望远镜和射电望远镜，甚至必须发射红外太空望远镜才能看到。

精确测定高红移星系需要光谱观测，成本极高，因此只能选取少量的星系做样本。到目前为止，根据光谱测定的星系红移，最远可以达到红移 10 左右，对应于宇宙大爆炸之后 4 亿年左右的时间（图 11-21）。

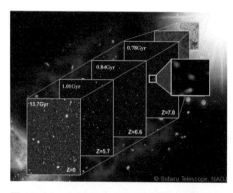

图 11-21 不同红移的星系图像，越高红移，星系越红，图中 Gyr 表示 10 亿年，我们看到的红移 7 左右的星系，颜色非常红，它们诞生于宇宙大爆炸的 7.8 亿年之后

我们已经观测到的高红移星系和我们目前看到的星系很不一样。首先，高红移星系相对于今天的星系更小，更为紧密，典型的高红移星系半径只有 1 万光年左右，约为银河系半径的十分之一。而且这些高红移星系往往有较高的恒星形成率，每年新

形成几百到几千个恒星，而今天的银河系每年只新形成一到两颗恒星。图 11-22 显示了在宇宙不同时期（越往右的越早）和银河系一样质量的星系的图像。

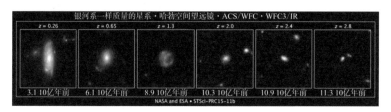

图 11-22　星系形态随红移变化，从左到右红移增高

　　为了准确知道宇宙的整体结构，我们有必要了解宇宙中的星系是如何分布的。这就需要我们观测尽可能多的星系，并且知道它们的距离。这种类型的观测必然要耗费大量时间和金钱。因此，一些天文学家就尝试不进行全天观测，而是对宇宙选取一个方向，观测这个方向内的星系分布。

链接

望远镜极超深场

　　由于遥远的星系发出的光到达地球时已经极为暗弱，天文学家不得不用望远镜拍摄很长的时间，才能积累足够多的光子，找到那些极为暗弱的早期星系。因此，天文学家选择一些较小的，但是没有被恒星和近邻星系遮挡的区域进行极为长时间的曝光，使我们能看到极为深远的宇宙。比较著名的深场有哈勃极超深场（UDF）（图11-23），烛光（CANDLES）深场和对几个星系团的超深场观测，等等。

图 11-23　近红外波段的哈勃极超深场

最早的红移巡天是哈佛－斯密森天体物理中心星系巡天（CfA），随后，2 度视场星系红移巡天（2dF）（图 11-24）等一系列巡天相继进行。最广为人知的是斯隆数字巡天，它覆盖了几乎三分之一的天区，并拍摄了大量红移 1 以下的星系图像和光谱。

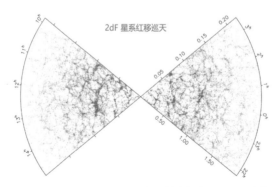

2dF 星系红移巡天

图 11-24　2dF 星系巡天，每个蓝点代表一个星系的位置，可以看出星系分布的网格状结构

通过这些巡天数据，人们了解了天上星系的分布。人们发现，宇宙中的星系的分布并不是随机的，而是呈现出一定的结构。宇宙中星系密度最高的地区，其星系的密度是平均密度的 5 倍，被称为宇宙的"长城"；而有些地区的星系密度极低，被称为宇宙的"空洞"。

从宇宙早期的混沌状态到宇宙大尺度结构的形成，其过程是非常复杂的。现有物理理论无法完全解释其中的细节过程。这时，超级计算机就成了宇宙学家的好帮手（图 11-25）。

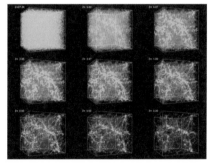

图 11-25　宇宙学中的计算机模拟

在计算机模拟中，我们可以重现宇宙从光子成为背景辐射之后的历史进程。宇宙学家将物质视作简单的粒子，模拟它们在引力和宇宙膨胀共同作用下的演化过程。为了使模拟精确，科学家往往采用上万亿个质点代表宇宙中的物质。在模拟过程中，暗物质占主导且先行演化，从而首先形成结构，随后重子物质被暗物质吸引并汇入。当重子物质密度足够大后，会形成星系和恒星。

现在的计算机模拟，比如千禧数值模拟，十分精确地反映了宇宙从均匀到形成结构的演化，在大尺度结构上的模拟结果和观测取得了惊人的一致（图 11-26）。今天的宇宙学模拟已经成为研究宇宙演化历史的一个重要工具。

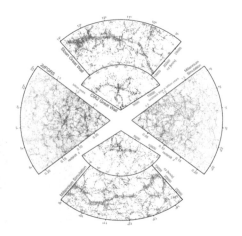

图 11-26 蓝色为实际观测的星系分布，红色为计算机模拟的星系分布

无论从观测还是模拟中，人们都发现今天的宇宙整体呈现着类似网络的结构。它们也因而被称作宇宙网（图 11-27）。网络上的节点，往往蕴藏着大量的星系团，星系团里包含众多星系，它们是宇宙星系的主导成分。在节点之间，往往是一些星系群构成的纤

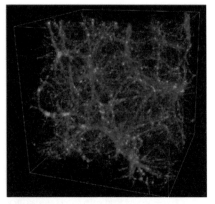

图 11-27 计算机模拟的宇宙网示意图

维结构。网络的空白处，往往是一些星系密度较低的地区，也就是空洞。

宇宙网中的节点是物质密度较高的宇宙区域，它们也因此较

早地形成星系群，并吸引着周边的气体流入。随着时间的流逝，它们的质量越来越大，对周边的引力越来越强，不断从宇宙的空洞区域拉扯物质汇入。久而久之，形成了宇宙的网络结构。

宇宙的未来

　　宇宙学家们对宇宙未来的争论相当激烈。如果现行宇宙学理论正确，那么宇宙未来还会继续膨胀，宇宙中的天体也会越来越远。在遥远的未来，这些天体之间远离的速度会超过光速，并会永久地离开彼此的世界。在光学波段，我们起初还能接收到遥远天体在过去发出的光，但它们会变得越来越红，越来越微弱，直到完全到了长波波段，不能被光学望远镜探测到。

　　与此同时，宇宙中可以形成恒星的气体也会逐步耗尽。恒星的形成会逐步终止，宇宙中不再会有新形成的恒星，已有的恒星会不断地老去并死亡。越亮的恒星死得越早，暗弱的红矮星和褐矮星还会燃烧上万亿年，直到都变成死去的恒星、黑矮星、中子星和黑洞。

　　死去的黑洞仍然不是物质的最终状态，它们的相互作用仍然会产生引力波耗散能量，最终会合并为更大的黑洞。未来的宇宙看上去只剩下无数的黑洞存在。另外，霍金还指出，黑洞自身也会通过霍金辐射损失质量，并且转换为光子，照亮着几乎冷却到绝对零度的宇宙。这种理论被认为是"大冰冻"模型，也是当前大多数宇宙学家认同的宇宙命运的结局。

但是，部分宇宙学家却有着其他的观点。有些激进的物理学家认为，宇宙最后会发生"大撕裂"，拉伸的时空最终会撕碎一切，甚至连原子都无法存在。而有些宇宙学家则认为暗能量并不是一直起排斥效应，而是会在某个时刻起到吸引作用，最终会使得时空重新开始收缩，使得宇宙在遥远的未来重新合并到一起，这种名为"大坍缩"的宇宙学模型认为宇宙会重新聚集物质，并使得一切物质回到奇点。

另外一部分宇宙学家甚至认为大"坍缩"之后宇宙会"大反弹"，开始第二次、第三次，甚至无数次的宇宙大爆炸—大坍缩的循环过程。

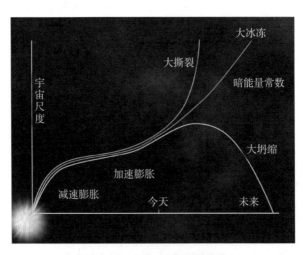

图 11-28　宇宙演化的可能趋势

到目前为止，以上宇宙演化模型都没有取得科学界共识。

宇宙从诞生起，始终延续着客观的宇宙演化，从炙热走向黑暗再走向光明。能量转换成物质又变回能量，无数粒子变幻莫测，孕育着无穷的可能性和创造力，甚至形成了像我们这样的生命和文明。在辉煌灿烂的宇宙星光照耀下，一代又一代的宇宙生命和文明诞生了，这或许就是宇宙的最终意义。